AF489135

HIPNOSIS CLÍNICA REPARADORA

Armando Scharovsky

HIPNOSIS CLÍNICA REPARADORA

Una terapia de desbloqueo emocional

Primera edición: diciembre de 2024
ISBN: 978-84-10468-61-0
Copyright © 2024 Armando Scharovsky

Las primeras ediciones de este libro fueron
acompañadas de un DVD, para que los
lectores pudieran ver cómo es una regresión.
Ahora pueden ver las filmaciones, entrando a
hipnosisclinicareparadora.com/dvdlibro

AGRADECIMIENTOS:

A **NELLY**, mi esposa, mi compañera, mi mejor mitad: porque no hay ni en mi obra ni en este libro una sola idea o una sola línea que no haya sido gestada, analizada y desmenuzada entre los dos.

A **ENRIQUE FABEIRO**, mi editor en Europa, porque gracias a su confianza y empuje nació este libro.

A los alumnos de nuestros cursos por su entrega total en los mismos, por hacernos crecer día a día con sus preguntas y requerimientos, y por enorgullecernos con sus excelentes trabajos terapéuticos.

Y en particular a aquellos alumnos que luego de vivir experiencias terapéuticas de mucha importancia en esos cursos, han tenido la generosidad de permitir su divulgación pública, para ayudar a la expansión de la HIPNOSIS CLÍNICA REPARADORA.

DEDICATORIA

Dedico este libro a mis 11 nietos: **MATHY, IOEL, JULY, ALAN, NATY, KEVIN, SACHA, JERE, JESY, VIOLE** y **CAROLINA** y a sus futuros hijos y a toda su descendencia.

Porque algún día yo me iré y quiero que los recursos que pude desarrollar no se vayan conmigo y estén disponibles para ellos y para su generación, para enfrentar los problemas que plantea la vida a cada paso.

Índice

PRÓLOGO

La HIPNOSIS CLINICA REPARADORA® es un modelo terapéutico integral, cuyo objetivo es la utilización del trance, no para inducir un cambio de conductas en el paciente, sino como una herramienta de investigación tendiente a hallar el o los traumas originales que están en el origen de los síntomas.

Se vincula de esta manera con los primeros trabajos del Dr. Freud que, precisamente, tomó prestado el término "trauma" de la medicina, para describir la situación original de shock que, según postuló, se halla escondida tras los mismos.

No se trata entonces de una herramienta "conductista", o sea diseñada para inducir cambios en la conducta del paciente, sino de una utilización del fenómeno de la hipnosis a la manera de un escalpelo que penetre en las capas del inconsciente, buscando encontrar y solucionar las raíces ocultas de los problemas. En cierto sentido se asemeja a una intervención quirúrgica efectuada con la ayuda del fenómeno de la regresión hipnótica.

La HIPNOSIS CLINICA REPARADORA® entiende que tras los síntomas o conductas sintomáticas se hallan situaciones traumatizantes que han producido un bloqueo emocional. Que aunque el paciente ignore concientemente qué paso, la información existe dentro de su inconsciente y puede ser recuperada siguiendo algunas pautas precisas.

Postula que al lograr el desplazamiento imaginario del yo hacia esas situaciones originales —que es lo que llamamos "regresión"— al presentificar el pasado, vuelven a aparecer las emociones originales en estado puro, posibilitándose así la "reparación" del trauma.

El concepto de "reparación" que es inherente a esta nueva terapia, implica la incorporación de recursos terapéuticos en la memoria emocional a la que se accede, logrando así algo similar a lo que intentaba Freud con la "catarsis" y la "abreacción", términos técnicos que hoy han perdido significado. A través de la reparación de los traumas de la infancia apuntamos a que el paciente recupere o alcance la capacidad de ser "lo más feliz que sus circunstancias permitan" que es como fijamos nuestro objetivo terapéutico.

Trabajamos con emociones: son nuestra herramienta y nuestro objetivo. Y esto nos enfrenta a las limitaciones que impone la comunicación por escrito. No es lo mismo decir "El paciente gime" o "El paciente balbucea como un niño" que verlo y oírlo gimiendo y balbuceando. Su mera descripción no es bastante: Es necesario, imprescindible, para entender, tenerlo frente a uno. Por esa razón, para remediar esa carencia intrínseca, es que hemos resuelto agregar filmaciones a este libro: solamente después de haberlos visto, al menos una vez, podrá comprender lo que le describimos. Originalmente el libro era acompañado por un DVD. Actualmente le sugerimos que vea esos trabajos, entrando en <u>hipnosisclinicareparadora.com/dvdlibro</u>.

Tal como es mi estilo, me expresaré en este libro como lo hago coloquialmente y solamente utilizaré términos técnicos cuando sean imprescindibles y explicando a qué me refiero con ellos. No intentaré demostrar "científicamente" nada. Contaré qué hago, cómo funciona y porqué creo yo que funciona. Luego el lector decidirá si vale o no la pena probarlo.

Cada vez que un lector elige leer un libro, le está abriendo un crédito a su autor ya que va a invertir parte de lo más valioso que dispone: su tiempo. Por eso se lo agradezco y espero no defraudarlo. No le prometo que al completar la lectura saldrá usted convertido en un terapeuta de HIPNOSIS CLINICA REPARADORA®, pero sí que adquirirá algunos recursos que, como mínimo, le serán útiles para comprenderse y comprender mejor a los otros. Y si es usted profesional de la salud, obtendrá además herramientas que, sumadas a las que ya tiene, le permitirán ayudar mejor a sus pacientes llegando más rápido y más profundo, al punto focal de sus sufrimientos.

PRIMERA PARTE: LA HIPNOSIS CLINICA REPARADORA, UN NUEVO ENFOQUE

Capítulo I: ¿DONDE ESTAN LAS EMOCIONES?

Comencemos haciendo una prueba. Busque en su memoria algún mal momento vivido en la infancia: alguna vez que haya pasado un papelón o vergüenza grande, deseando que la tierra lo trague. O que lo hayan retado en público. O que lo hayan desapoderado de algo querido (recuerdo ahora a un niño a quien le sirvieron —al horno— a un pollito que había traído unos meses antes de la escuela). O algo semejante.

Cuando lo haya encontrado, cuénteselo a alguien. Y si no tiene a quien, póngase frente al espejo y diríjase a esa imagen como si fuera otra persona. Sea expresivo, adorne el relato con detalles acerca de lo injusto de la experiencia y de cuánto lo sufrió y cuánto le costó recuperarse.

Cuando haya concluido y revise la experiencia, preste atención a las emociones. Verá que no están. ¡No están! Lo único que aparece es información, pero información desprovista de emoción. Parece el titular de un periódico: "Le quitaron su mascota, la asaron y se la sirvieron". Y si aparece la indignación, la que aparece es la actual, la de una persona de 40 años que considera un crimen actuar así con un niño de 5 años.

Pero... ¿Adonde se fue a parar esa rabia que sintió entonces? Lo obligaron a reprimirla y hasta es posible que lo hayan forzado a tragársela junto al pollo. Y nunca más volvió a hablar del tema. Y olvidó conscientemente la experiencia. Pero seguramente ese niño tomó, ese mismo día, algunas resoluciones que quedaron a partir de entonces, rigiendo sus conductas desde las sombras, como programas instalados en una computadora, en un ordenador. Por ejemplo:

- No volveré a comer pollo en mi vida.
- Cada vez que regrese debo verificar que no me hayan sacado nada.
- No debo confiar en nadie. Si mis padres me hicieron esto ¿Qué puedo esperar de un desconocido?
- No quiero que nadie me regale nada lindo como una mascota, porque después la voy a perder...
- Etc.

Pero en el conciente de esta persona del ejemplo, no ha quedado la menor idea de la relación que existe entre la desconfianza que tiene frente al mundo y ese "inocente" suceso de cuando era niño y que seguramente su padre comentó con algún amigo: *"Reconozco que no estuvimos bien, pero, por suerte, al nene se le olvidó pronto, ya se le pasó..."*

LOS MECANISMOS DE LA MEMORIA

Es que la memoria funciona de esta manera: mantiene a mano la información de los sucesos vividos en una época (tal como los registramos entonces) pero sin las emociones asociadas. Si me dejaron a los 5 años cuidando a mi hermanito de 3 y por un descuido mío se lastimó, recordaré para siempre que "por mi culpa" a mi hermanito le quedó una cicatriz. Pero no volveré a sentir el dolor y la angustia de entonces y no se me ocurrirá nunca revisar si es cierto que un niño de 5 años es "culpable" de una cosa así.

Esta sistemática eliminación de la memoria emocional es en realidad un mecanismo de defensa del inconsciente[1] para evitar que los dolores continúen doliéndonos, que llega más lejos aún: Si el evento en cuestión es tan fuerte, tan desestructurante que la persona no puede asimilarlo sin un derrumbe emocional, entonces, sencillamente "no ocurrió". Se borra todo registro consciente del suceso y, probablemente, aparezca algún síntoma que, según describía Freud, estará allí como un "monolito recordatorio" del suceso perdido.

Si un niño abre una puerta y sorprende a su madre haciendo el amor con un extraño, la cerrará y lo "olvidará". ¿Es que existe alguna manera de incorporar ese registro a su mundo? Como la respuesta es "No", lo que vio no lo vio y la vida continúa. Aunque quizás nuestro héroe comience a tartamudear o se vuelva disléxico a partir de ese momento.

Pero... ¿Realmente esas emociones desaparecieron, se disolvieron en la nada?

LA MAGIA DE LAS REGRESIONES HIPNÓTICAS

Cuando recordamos, nuestro *yo* se ubica en el presente y dirige una mirada inquisidora hacia el pasado. Desde mis 40 años miro hacia atrás y trato de ver desde aquí qué sentí, cuando a los 5 años mis padres me asesinaron la mascota.

La hipnosis nos permite, en cambio, desplazarnos imaginariamente en el tiempo, que nuestro *yo* sea el que viaje al pasado y así poder re-vivir los sucesos originales. Es la "Regresión Hipnótica a la Niñez". Y las vivencias reaparecen con toda la carga emocional original. Y el hombre vuelve a ser niño, vuelve imaginariamente a tener

---

1 En este libro usaré indistintamente las expresiones "inconsciente", "subconsciente" o, preferentemente "mente no consciente", pero no en el sentido topológico del psicoanálisis, sino para identificar a todo lo que está en la mente pero fuera de la conciencia.

5 años y habla y llora como un niño. No se trata de una recreación, de una representación: se trata de una liberación, de una "catarsis". Esas emociones siempre estuvieron ahí, encerradas pero carcomiendo desde adentro. También aparecen los recuerdos reprimidos. Y la asociación entre los sucesos y los problemas de la vida actual no surge de discutibles teorías mantenidas por el terapeuta sino del propio inconsciente del paciente.

Por ejemplo: atiendo a un joven de 17 años que si bien es brillante en el trato individual, es gris y apocado en el trato social. En la escuela, frente a sus compañeros, casi no existe. Le pido a su mente no conciente que me evoque sucesos que estén relacionados con el origen de estas características y aparecen dos episodios de cuando tenía 6 años, en que volviendo de la escuela a la casa, en el transporte escolar, se hace caca encima, un percance comprensible para esa edad. Uno podría preguntarse: "Y eso ¿Qué tiene que ver?". Las teorías psicológicas hablan del Edipo pero no de esto. Pues bien, ¿qué le sucede a un niño que se ha ensuciado así frente a sus amiguitos? ¿Cómo vuelve a la escuela al día siguiente? Seguramente él le pide a su madre que no lo envíe más y, lógicamente, la mamá no accede. Y entonces tiene que reintegrarse. ¿Qué puede resolver entonces?: "*No debo permitir que nadie me mire*". Es la única decisión que puede evitar el escarnio y la vergüenza. Volverse gris, invisible.

Pero, y esto es importante y forma parte básica de los principios de nuestra terapia, mientras no cambie su resolución, mientras no la re-decida, esa decisión va a continuar rigiendo toda su vida, con mayor razón porque ignora su existencia.

El descubrimiento de esa resolución infantil, posibilitó en nuestro paciente un cambio instantáneo. En ese mismo semestre el joven pasó a ser líder de su grupo de estudiantes y luego cambió su decisión de estudiar gastronomía y hoy, casi una década después, se ha recibido de psicólogo, ha estudiado hipnosis y es secretario académico de su facultad.

Este ejemplo tomado de la realidad nos permite sacar algunas conclusiones:

- Aunque la mente conciente del paciente no sepa porqué le suceden ciertas cosas, la información está dentro de él y, cumpliendo con algunas normas, el inconsciente del paciente nos lo contará.

- La asociación entre los sucesos y los síntomas no surge de ninguna teoría psicológica sino de las respuestas del propio paciente. En el video que acompaña este libro, la paciente dice en un momento: "¡Ya sé porqué le tengo fobia a los gatos!" y descubre el origen de un desplazamiento que hubiera encantado como prueba objetiva a Freud, que fue el primero en teorizar al respecto.

- Para cambiar y sanar no son necesarios meses o años: a veces basta con algunas horas si en ellas se produce el "click" necesario que vincula los hechos y esclarece los síntomas.

- Cuando las emociones reaparecen, lo hacen con la carga emotiva original. Y todos los recursos de protección que se le dan al paciente en regresión, se incorporan a su memoria emocional —esa que no alcanzamos con la memoria conciente— como si hubieran sido recibidos en el pasado, en el mismo momento del evento.

Capitulo II: DISTINTOS ENFOQUES TERAPEUTICOS

CONDUCTISMO Y NEOCONDUCTISMO

No es la intención de este libro hacer un estudio sobre la hipnosis en general, sino explicar cómo hacemos hipnosis nosotros. Existen muy buenos textos sobre el tema e, inclusive, en nuestro libro anterior[2] ya hemos desarrollado algo este ítem.

Nos interesa sí, puntualizar algunos aspectos específicos sobre la **HIPNOSIS CLINICA REPARADORA (HCR)®**, que es la denominación que hemos elegido para este particular uso terapéutico de la hipnosis clínica que hemos desarrollado a lo largo de los años.

Durante mucho tiempo la hipnosis se asemejó a la que se muestra en los teatros. Como se la usaba de una manera conductista, o sea dando instrucciones a los pacientes para lograr cambios deseados en sus conductas, se ponía mucho énfasis en la profundidad alcanzada en los sujetos, y en las escalas disponibles para medirla.

Tanto es así, que si leemos cualquier tratado de hipnosis de cierta antigüedad, hallaremos que la primera mitad del libro estará seguramente dedicada a cómo hacer pruebas con los pacientes que determinen su grado de susceptibilidad hipnótica y a cómo hacer para profundizarla.

La irrupción de la obra del prestigioso médico americano **MILTON ERICKSON (1901-1980)** forzó un cambio definitivo para esta disciplina. Él fue una persona muy sufrida: a los 16 años sufrió un ataque de parálisis infantil que lo dejó al borde de la muerte, era daltónico y sordo tonal. La inmovilidad a la que lo confinó su enfermedad durante mucho tiempo le permitió desarrollar enormemente su capacidad de observación. Su obra fue irrepetible y él mismo no quiso teorizar sobre lo que hacía, porque al prestar tanta atención a las características individuales de cada paciente, sentía que no deberían proponerse soluciones prefabricadas para cada problema.

ERICKSON centró su atención en la comunicación. Para él toda comunicación es hipnótica, en el sentido de que logra modificar la realidad interior del otro. Por ejemplo, dijo que si se legislaba sobre la hipnosis, sería necesario dictar leyes para los enamorados, que viven en trance. Él hacía mucho uso de hipnosis no formal: la

---

2 "CURSO PRÁCTICO DE HIPNOSIS Y REGRESIONES A VIDAS PASADAS" Natural Ediciones Madrid Septiembre 2009

utilización de metáforas, de historias —muchas veces falsas y creadas "ad hoc"— de largos discursos confusionales, de instrucciones paradojales, de "anclas" o mecanismos de asociación para acceder a recursos interiores, etc.

No intentaba investigar en el pasado, según el modelo psicoanalítico. Suponía a los síntomas o conductas sintomáticas como respuestas aprendidas o elegidas en determinado momento para enfrentar un problema, que podían ser reemplazados por conductas más adecuadas, sin necesidad de esclarecer el origen. Y entendía al inconsciente como un enorme reservorio de recursos para enfrentar todas las dificultades que nos presenta la vida.

Su obra se prolongó de manera directa en la HIPNOSIS ERICKSONIANA, desarrollada no por él sino por sus discípulos y en la PNL: PROGRAMACION NEUROLINGUISTICA y de manera indirecta en todo trabajo hipnótico de cualquier escuela que fuera, ya que aún para manifestar su desacuerdo con sus trabajos, es necesario hacer referencia a su importante obra. Su influencia excede al mundo de la psicología clínica y ha afectado todas las áreas de la comunicación, la sociología, la antropología, el entrenamiento del personal de ventas, etc.

Las terapias hipnóticas derivadas de su trabajo tampoco intentan bucear en los orígenes de los problemas y pueden ser incluidas en el neoconductismo, porque no tratan de ordenar un cambio de conducta como en el conductismo clásico, sino de crear o facilitar, la elección por el sujeto de una respuesta nueva, distinta, para el mismo problema, más adecuada a la realidad o a sus posibilidades.

TERAPIAS PROFUNDAS

A finales del Siglo XIX, el destacado médico austriaco SIGMUND FREUD (1856-1939) realizó trabajos de investigación sobre la histeria con el médico francés JEAN-MARTIN CHARCOT (1825-1893) utilizando la hipnosis de una manera absolutamente conductista, dándole al paciente la "orden" de contrariar al síntoma, como si jugara una "pulseada"[3] con el mismo para conseguir su desaparición.

Como FREUD no era un buen hipnotizador (reconocido por él)[4], abandonó su utilización cuando percibió que, en algunos casos, el síntoma desaparecido era reemplazado por otro. Dirigió entonces su atención hacia los síntomas, estableciendo que cada uno tiene su propia historia y que nacen a partir de un *"trauma"* (palabra que tomó prestada de la medicina y que significa *"golpe físico"*) que no fue posible expresar en palabras, por la represión.

Más adelante, ya en el Siglo XX volcó su atención hacia el aparato psíquico, debiendo luchar mucho para lograr la aceptación cultural de la existencia dentro de la mente, de sectores que estaban fuera de la conciencia: El *preconsciente* y el *inconsciente* de su primera tópica.

Y finalmente, utilizando las asociaciones libres, los lapsus y el análisis de los sueños como métodos para develar los problemas ocultos en el inconsciente, a los que identificó sobre todo con la represión sexual, desarrolló el PSICOANALISIS, el más importante tratamiento para los desórdenes psíquicos, que se desarrolló durante todo el Siglo XX influenciando todas las manifestaciones culturales de manera decisiva.

El rechazo que hizo FREUD de la hipnosis y la manera burda en que esta se aplicaba en aquella época provocó su casi desaparición del ámbito terapéutico y su subsistencia casi exclusiva en el mundo del espectáculo.

Por eso, tal como JAMES BRAID (1795-1860) le cambió en 1843 el nombre al MESMERISMO, que había caído en el descrédito, por el de HIPNOSIS (a partir de la raíz griega *Hypnos* que significa *Sueño*), el médico colombiano ALFONSO CAYCEDO (1932) radicado en España, le cambió en 1960 el nombre a la hipnosis por el de

---

3 Juego de fuerza que consiste en torcerle el brazo al adversario. En otros países se lo conoce como "Pulso", "Vencida" o "Gallito"

4 El yo, el ello y otras obras/Breve informe sobre el psicoanálisis 1923

SOFROSIS (tomando las palabras griegas *Sos* que significa *Quietud* y *Phron* que significa *Mente*, o sea: *Mente en reposo*).

En la Argentina la palabra SOFROSIS comenzó a ser muy utilizada, pero la fecunda obra de MILTON ERICKSON devolvió a la palabra HIPNOSIS el respeto que se merecía

HIPNOSIS CLÍNICA REPARADORA

En la HIPNOSIS CLÍNICA REPARADORA comprendemos a la hipnosis de una manera muy ericksoniana, como una forma especial de la comunicación y hacemos uso de muchas herramientas provenientes de esa fuente aunque nuestros métodos son más formales: para inducir al paciente lo colocamos en un sillón o camilla, con luz tenue, etc.

Pero en nuestra comprensión del síntoma nos parecemos al FREUD de la primera época, aquel que definía a la cura como la devolución al enfermo de la capacidad de amar y trabajar con felicidad.

Creemos como ERICKSON que en el inconsciente de nuestro paciente se hallan todos los recursos necesarios para ser feliz. Y creemos con FREUD que detrás de cada síntoma hay una historia que no ha podido ser contada: que generalmente las enfermedades psicosomáticas son la expresión corporal de algo que no pudo ser expresado con palabras y que poder develar esa historia y poder hablarlo, hará que esos síntomas caigan, desaparezcan.

Postulamos que existe una memoria emocional a la que solo se alcanza con hipnosis. Que utilizando las técnicas de regresión hipnótica es posible alcanzar nuevamente los registros del trauma original y que con la incorporación de recursos afectivos y terapéuticos en ese lugar alcanzado, es posible *reparar* el daño, criterio nuevo que implica minimizar los daños posteriores, aceptar el pasado, pero impedirle que continúe corroyendo en las sombras las posibilidades que brinda la vida.

Afirmamos como ERIC BERNE (1910-1970), creador del ANA-LISIS TRANSACCIONAL, que el niño sigue vivo dentro del adulto como un personaje independiente y que es posible alcanzarlo, dialogar con él y brindarle la protección que necesita y que usualmente busca afuera, convirtiendo así al paciente en vulnerable y manipulable.

Finalmente, creemos que los niños toman resoluciones desde el vientre materno y a lo largo de su crecimiento. Que esas resoluciones siguen vigentes como programas de una computadora, de un ordenador y que allí se quedan, fuera de la mente consciente, decidiendo el destino de la persona. Que con las regresiones a la niñez, es posible encontrar esas decisiones, identificar cuándo, porqué y para qué fueron adoptadas. Y que entonces, desde una mirada adulta y actual se las puede re-decidir, cambiándolas o anulándolas.

CÓMO CONTINÚA EL LIBRO

Las regresiones a las vidas pasadas son un caso especial de las regresiones en general. Le hemos pedido al inconsciente de nuestro paciente que nos lleve al origen de sus problemas y, por ejemplo, aparece un recuerdo de la época de la colonización española de América, que es revivido como si se tratara de un recuerdo de esta vida… ¿De qué se trata? ¿Cree el lector en las vidas anteriores, en la reencarnación, etc.? Nosotros sí, pero no hace falta que el lector comparta esa opinión, porque si no fuera un verdadero recuerdo, se trataría una respuesta onírica o fantasiosa del inconsciente de nuestro paciente, que trabajada según algún pautas que veremos, le servirá perfectamente para sanar.

Descripto así, de esta manera, parecería que deberíamos estudiar las regresiones en general y, luego, las regresiones a vidas pasadas como un caso especial. Pero no haremos eso. Respetaremos la estructura que hemos mantenido en nuestros cursos porque nos ha demostrado largamente su eficacia. Centenares de alumnos han aprendido

Hipnosis Clínica Reparadora en tres jornadas de esta manera, yendo de lo más sencillo a lo más complicado.

El plan a desarrollar será entonces el siguiente:

- Hipnosis: inducción, profundización y uso.
- Regresiones a Vidas Pasadas.
- Regresiones a la Niñez.
- Reparación de traumas de la infancia.
- Análisis de los casos reales incluidos.
- Consideraciones de índole general de la HCR.

Este es, por otra parte, el plan que desarrollamos en nuestros Cursos Intensivos de Hipnosis Clínica Reparadora de tres días. En una obra siguiente veremos lo que habitualmente estudiamos en el Curso Avanzado de Hipnosis Clínica Reparadora de dos días: La aplicación de los distintos recursos a casos prácticos, el tratamiento y cura de fobias, pánico, jaquecas y otras enfermedades psicosomáticas y, además, dibujo en hipnosis.

Inevitablemente, ya que se trata de una exposición integral de la Hipnosis Clínica Reparadora (HCR)® deberemos volver a tocar temas ya desarrollados en nuestro libro anterior[5] aunque esta vez, con una visión más holística de su aplicación.

Lo que le pedimos al lector es que, en cuanto pueda, vea las filmaciones que acompañan este libro. Mientras no lo haya hecho, todo lo que lea le sonará a teoría, más o menos cierta, más o menos discutible. Pero cuando las haya visto se enfrentará a hechos, a emociones en estado puro de una manera que nunca vio antes.

Y para nosotros lo más importante es eso: que el lector verifique que esto existe, que no es una suposición, que las emociones están vivas dentro del paciente y qué es posible revivirlas. Y que a partir de este fenómeno, es también posible "repararlas", un criterio de cura distinto, que significa agregar la protección, la compañía y otros

---

5 CURSO PRACTICO DE HIPNOSIS Y REGRESIONES A VIDAS PASADAS – Natural Ediciones – Madrid Sept.

recursos terapéuticos que no existieron en la experiencia original, los que luego serán archivados en la memoria emocional, curando o mitigando así el dolor y haciendo innecesarios los síntomas y daños consecuentes.

Esa comprobación de la existencia de una memoria emocional alcanzable, excede largamente al acuerdo o desacuerdo que logremos del lector con la manera que hemos desarrollado para la utilización terapéutica de esa reviviscencia emocional en la Hipnosis Clínica Reparadora, la que seguramente puede ser mejorada o modificada.

Porque lo que hay aquí es una verdadera rotura paradigmática: no queremos crear una nueva teoría sino demostrar que en el paciente estuvo y está toda la información necesaria para entender y para sanar. Y que a partir de su desbloqueo emocional podemos poner en movimiento todas las capacidades que quedaron congeladas en uno o muchos momentos del pasado.

Afirmamos, que es posible preguntarle al inconsciente de nuestro paciente qué le pasa. Y que habiendo obtenido la respuesta, se puede hacer el "insight", ese click que posibilita la cura y que en otros modelos terapéuticos demanda meses o años, en muy poco tiempo: a veces en una sola sesión.

Porque, figuradamente, no intentamos ponerle al paciente una pomada en la piel, sino que buscamos el lugar exacto de la lesión dentro de la articulación dañada, para infiltrarle allí el remedio o el bálsamo.

Quizás —ojalá— el lector elija continuar esta tarea y pueda entonces, mejorar en el futuro este enfoque terapéutico, agregándole los recursos que él tiene y nosotros no, logrando así implementar una terapia aún mejor....

SEGUNDA PARTE: HIPNOSIS

INDUCCION

Hay muchas maneras de provocar el fenómeno de la hipnosis. Se puede hacer con los ojos abiertos[6] o con los ojos cerrados, parado, sentado o acostado y aún en movimiento.

Nosotros vamos a reproducir ahora uno de los parlamentos que más usamos habitualmente y a continuación vamos a explicar el proceso, parte por parte. En nuestros cursos no brindamos este texto para no correr el riesgo de que quien lo reciba esté más preocupado de su reproducción textual que de la persona que tiene enfrente, a la que está intentando hipnotizar.

O que lo considere como un mantra, al que hay que repetir rigurosamente. Con la consecuencia que, cuando la realidad se aparte un poco de lo esperable —y esto sucede a menudo— todo se derrumbe como un castillo de naipes.

Confiamos en que el lector, aunque disponga del texto, elija adueñarse de lo que dirá a partir de las explicaciones.

Es usual en las primeras hipnosis, leer para tener mayor seguridad. Eso no está mal en sí, pero se pierde toda la información visual del paciente y, además, éste, aunque tenga sus ojos cerrados, percibe que uno está leyendo. Así que, lo más pronto posible es necesario: primero, levantar muchas veces la vista del texto para ver a nuestro

---

6 Así lo hacemos en nuestro libro anterior, ya mencionado.

paciente y luego, animarse a hablar con las propias palabras, dejando cerca el texto, más que nada, para sentirse seguro.

Hay cosas imposibles de reproducir por escrito y que son muy importantes:

- La INTENCIONALIDAD HIPNOTICA. Muchas de las maniobras que el lector ya utiliza, por ejemplo instrucciones para relajarse, ejercicios de yoga o de relajación, etc., pueden convertirse sin más en excelentes inducciones, con solo agregarles la intención de crear y controlar un proceso hipnótico.

- El USO DE LA VOZ. Muchas veces nuestros alumnos creen que su voz no es buena para hipnotizar y no es cierto. Cualquier voz normal que no tenga un problema de emisión es utilizable. Lo importante es la modulación, el ritmo, el volumen, la ausencia de prisa, el uso de los silencios. La tendencia usual es la de hablar demasiado rápido en las primeras inducciones. La presencia de un tercero o el mismo testimonio del hipnotizado, servirán de orientación luego de las primeras experiencias.

EL TEXTO

Cierra tus ojos...

Vas a respirar profundamente dos veces, reteniendo el aire y soltándolo suavemente...

Quiero que imagines que vas caminando por un bosque...

Es una mañana soleada de otoño...

El suelo está cubierto de hojas secas que crujen cuando las pisas...

Hay una brisa suave, que te da en el rostro y que agita tus cabellos...

Esa brisa te trae los olores, los aromas del bosque...

Los árboles tienen copas muy altas que se tocan en lo alto...

La luz del sol atraviesa el follaje y dibuja rayas blancas en el aire...

Prestas atención a los sonidos... El canto de los pájaros... El follaje en movimiento...

Escuchas el rumor de agua en movimiento y te diriges hacia allí...

Es un río... Es un riacho de aguas muy puras y cristalinas que dejan ver las piedras del fondo...

Tomas un poco de agua con tus manos... Está fría... Y bebes un sorbo de esa agua pura...

Atraviesas el río y al otro lado hay un extenso campo de flores, que se extiende hasta el horizonte...

¡Margaritas! Son margaritas...

El viento las mece y parece que las margaritas bailaran un vals...

Caminas entre las flores y sientes el roce de las margaritas contra tus piernas...

Te sientas con sumo cuidado y luego te tiendes, te acuestas, muy cuidadosamente sobre las margaritas...

Es hermoso... Es como estar acostado sobre el más blando de los colchones de plumas...

Tu cuerpo se relaja... Toooodo tu cuerpo se relaja...

Se relajan tus pies... la parte inferior de tus piernas... los muslos... las caderas... el vientre... el pecho... los hombros... los brazos... las manos...

Se relajan tu cintura... tu espalda... los omóplatos... la parte superior de tu espalda... el cuello... la nuca... el cuero cabelludo... el rostro...

Se relajan tu frente... tus párpados... tus mejillas... tus labios... la parte interior de la boca... la lengua... los músculos que cierran la mandíbula...

Y mientras cuento desde 1 hasta 10, tu relajación se hace más y más... profunda...

1... 2... 3... ¡Más profundo!... 4... 5... 6... ¡Más profundo!... 7... 8... 9... 10...

Descansas profundamente... Descansas profundamente...

En lo sucesivo, cada vez que yo te diga "Descansa profundamente", siempre que tú estés de acuerdo en ser puesto en hipnosis, vas a alcanzar inmediatamente, un estado de relajación hipnótica, igual o más profundo que el actual...

En lo sucesivo, cada vez que yo diga "Descansa profundamente" vas a entrar inmediatamente en hipnosis...

Y si cuando yo digo "Descansa profundamente" ya estás en hipnosis, la vas a profundizar...

Quiere decir que cada vez que yo te diga "Descansa profundamente", vas a entrar en hipnosis o la vas a profundizar...

Ahora voy a contar desde 3 hasta 1. Cuando yo diga "uno" vas a despertar, sin abrir los ojos, para que yo te vuelva a hipnotizar diciendo: "Descansa profundamente"

3... 2... 1... Estas bien, ¿Verdad?...

¡Descansa profundamente! (En ese momento lo tocamos en el brazo)

Tu cuerpo está relajado, pero todavía está liviano... (Tomamos la mano que está más cerca, la elevamos un tanto y la dejamos caer, para que el paciente perciba que está liviana)

Yo voy a contar desde 11 hasta 15 y tu cuerpo se va a poner... ¡pesado!... Cada vez más... ¡pesado!... Confortablemente... ¡pesado!...

11... Tu brazo derecho se vuelve pesado... Tu brazo izquierdo se vuelve pesado... Tu brazo derecho y tu brazo izquierdo se vuelven... ¡pesados!...

12... Tu pierna derecha se vuelve pesada... Tu pierna izquierda se vuelve pesada... Tu pierna derecha y tu pierna izquierda se vuelven... ¡pesadas!...

13... Tu brazo derecho se vuelve... más pesado... Tu brazo izquierdo se vuelve... más pesado... Tu pierna derecha se vuelve... más pesada... Tu pierna izquierda se vuelve... más pesada...

14... Tus hombros se vuelven pesados... Tu espalda se vuelve pesada...

15... Todo tu cuerpo se vuelve... pesado... Tu cabeza... Tu espalda... Tus hombros... Tus brazos... Tus piernas...

También tus párpados se vuelven pesados... Tus ojos están cerrados... Fuertemente cerrados... Es como si los párpados estuviesen pegados entre sí... ¡Los párpados están pegados entre sí!... Intenta abrirlos...

(Luego de que el paciente intenta una o dos veces abrirlos infructuosamente) Ya está... No intentes más...

Voy a contar desde 16 hasta 20 y tu cuerpo, además de pesado, se va a poner duro, rígido... Con cada número más duro y más pesado... Cuando cuente 20 vas a sentir al cuerpo duro y pesado como una estatua de piedra...

(Con un ritmo más ligero y voz un poco más imperiosa) 16, 17, 18, 19, 20... Tu cuerpo está ahora duro y pesado como una estatua de PIEDRA... (Se intenta levantar el mismo brazo que se elevó antes de contar 11 y que ahora debe estar precisamente muy dura) Duro y pesado como una estatua de piedra...

Pero solamente tu cuerpo... tu espíritu no tiene ni peso ni dureza... Tú puedes, si lo deseas, disociarte, separarte... Dejar a tu cuerpo aquí, en el sillón (o en la camilla o la butaca o donde esté), protegido...

Cuento desde 1 hasta 3 y dejas de sentir el cuerpo: 1... 2... ¡3! (En ese momento lo soltamos y hacemos una pausa para permitirle sentir el alivio de no tener el cuerpo duro)

Es una sensación extraña y agradable... Porque es como flotar... Flotar sin peso... Como un astronauta en el espacio...

Y esta sensación de flotar, te trae paz... Te trae mucha paz...

LA EXPLICACION

Antes de comenzar una inducción invitamos a nuestro paciente a orinar. Porque lo más probable es que si no lo hacemos, el mero transcurso del tiempo más los efectos de la relajación, le creen la imperiosa necesidad de hacerlo. Pero lo peor es que seguramente preferirá aguantarse y esté impaciente a que concluyamos nuestra tarea, lo cual podría conspirar contra el resultado a alcanzar.

Luego colocamos al paciente en un sitio cómodo. Nosotros preferimos un sillón reclinable, pero hemos hecho hipnosis en sofás, camillas, camas, tendido en el suelo, etc. Es importante que tengan apoyo la cabeza y las manos, porque seguramente se aflojarán y caerán. Existe también la que se llama "la postura del cochero": Sentado, con la espalda como encorvada, los antebrazos descansando sobre las propias piernas y la cabeza pendiendo floja hacia adelante, precisamente como los viejos cocheros de plaza. Se puede usar cuando no hay alternativa, pero no es la mejor para una terapia. Es preferible acostado en el suelo o en cualquier superficie no incómoda.

Muchas veces le preguntamos al paciente qué paisaje le agrada: La playa, la montaña, un lago, un bosque…

Generalmente usamos de fondo una música suave. Son útiles todas las que se suelen usar en relajación: sin sonidos estridentes, con una melodía preferentemente monocorde. La idea es que sirva de colchón de ruidos, que absorba los sonidos lejanos para que no perturben y que sirva para predisponer el ánimo a una relajación.

Si la luz es muy brillante al paciente puede molestarle aunque tenga los ojos cerrados. A veces pide si se le pueden cubrir los ojos. Lo mejor es disminuir la iluminación volviéndola tenue. No recomendamos tapar los ojos porque se pierde la información que nos brindan los movimientos oculares que se perciben a través de los párpados.

Le pedimos la respiración profunda como una manera de interrumpir la aceleración interna que pueda tener el paciente, sobre todo la ansiedad que suele preceder a la primera vez en que va a ser hipnotizado.

PAISAJE

Lo trasladamos imaginariamente a un paisaje. Si le hemos preguntado antes al paciente, al que él haya elegido. El paisaje que hemos usado en este caso es aplicable a casi todo el mundo. En cambio hay mucha gente a la que no le gusta la playa, por ejemplo.

Todos percibimos la realidad a través de distintos conductos: visual, auditivo, kinestésico y olfativo-gustativo. Pero ERICKSON destacó muy bien que la gente suele tener uno de esos canales mucho más desarrollado. La PNL practica la observación de los movimientos oculares para determinar de acuerdo a algunas reglas, cuál es el canal de mayor acceso en cada persona.

Nosotros, en cambio, hemos agregado a nuestro paisaje, estímulos para todos los canales:
- Visuales: Bosque, copas de los árboles, rayos de sol, río transparente, campo de flores, margaritas en movimiento...
- Auditivos: Crujido de las hojas pisadas, canto de pájaros, follaje en movimiento, rumor de agua...
- Kinestésicos: Pisar de hojas, brisa en el rostro, agua fría en las manos, margaritas contra las piernas, sensación de acostarse en una superficie muy blanda y acogedora...
- Olfativos y gustativos: Olores del bosque, agua fresca en la boca...

Nosotros, a la manera de quienes cazan usando balas de perdigones, estamos seguros de que con alguno de estos estímulos vamos a alcanzarlo. Una charla posterior donde incidentalmente averigüemos qué estímulo lo alcanzó más, si el visual, el auditivo, el kinestésico o el olfativo-gustativo, nos permitirá orientar mejor nuestra tarea con ese paciente en el futuro.

Y en ese paisaje al que lo hemos llevado, lo hacemos imaginarse recostado muy cómodamente y le inducimos un relax.

RELAX EN ORDEN

Una de las teorías respecto de cómo y por qué funciona la hipnosis, afirma que reproduce el modelo comunicacional primario, aquel que se establece entre la madre y el niño.

Cuando la madre le va diciendo las cosas, el niño no supone que la madre las describe sino que las crea. Mamá es como una gran maga que nos dice qué va a pasar. Y en el fondo del pensamiento mágico de todos, anida la esperanza de que alguna vez vuelva a aparecer alguien que cree la realidad, describiéndola.

Y eso es lo que hemos comenzado a hacer nosotros. Cada vez que agregamos un detalle vívido al paisaje, por ejemplo, la sensación de las margaritas acariciando las piernas, hay una voz en el interior del paciente que dice: *"¡Es cierto! ¡Las estoy sintiendo!"*

Y cada predicción que hacemos y que se cumple es un ladrillo en la construcción de la relación hipnótica.

Por eso decimos que *la hipnosis es un montante de credibilidad*: Si predecimos "A" y se produce "A" y luego predecimos "B" y se produce "B", el paciente está predispuesto a creernos cuando le predecimos "C".

Debemos también tener claro que *la hipnosis es un fenómeno que se monta con palabras*, por ejemplo, prediciendo lo que va a ocurrir o describiendo la realidad como si la estuviéramos creando. Por eso es que muchas veces es necesario construir las frases cuidadosamente: no le pedimos al paciente que se relaje, sino que le decimos: *"Todo tu cuerpo se relaja"*. Seamos claros: él debe sentir que su cuerpo se relaja *porque nosotros lo dijimos*, no porque él lo está haciendo relajar.

Y si nos llegara a decir: *"Yo no me sé relajar"* le responderíamos: *"Tú no tienes que relajarte. Tan solo permítele a tu cuerpo que se relaje"*. Son estas sutilezas del lenguaje las que permiten el nacimiento de este fenómeno llamado hipnosis.

No le decimos: *"Relaja tus pies"*, decimos: *"Se relajan tus pies..."* y continuamos relajándolo ordenadamente. Esto quiere decir, que si nos hemos olvidado de alguna parte, no importa. No la agregamos luego fuera de lugar. No serviría que digamos *"...La espalda... El cuello... La nuca... ¡Ah! ¡Las rodillas!..."* porque desordenaríamos al paciente.

ASOCIACIONES ARBITRARIAS

Cuando llegamos a la mandíbula, continuamos: *"Y mientras cuento desde 1 hasta 10, tu relajación se hace más y más... profunda..."*

Acabamos de hacer uso de una de las herramientas que más se utilizan en la hipnosis: las asociaciones arbitrarias.

Estamos usando una asociación arbitraria, cada vez que vinculamos dos fenómenos independientes, cada vez que decimos: *"A medida que sucede "A" sucede "B""*.

La pregunta es: *"¿Porqué la relajación se va a profundizar con una cuenta creciente?"*. Sencillamente: *Porque nosotros lo dijimos.* Así de arbitrario.

En Control Mental las cuentas se hacen al revés: se profundiza con cuentas decrecientes, desde cinco hasta uno o desde diez hasta uno. ¿Quién tiene razón? ¿Ellos o nosotros? Ninguno. O los dos. Por que es arbitrario. Luego vamos a explicar porqué en la HCR usamos las cuentas crecientes para profundizar, pero en este momento queremos remarcar la arbitrariedad de la asociación.

Cuando comienza el trabajo hipnótico, estamos tratando de concentrar toda la atención del paciente en nuestra voz, y cualquier ruido importante que distraiga puede interrumpir el proceso. Pero si ya la relación hipnótica ha comenzado, es posible integrarlo al mismo a través de una asociación arbitraria. En un curso donde una pareja vio interrumpido su ejercicio por las campanadas de una iglesia cercana, otra pareja pudo realizar un excelente trabajo a partir de la instrucción: *"Con cada campanada tu hipnosis se va a hacer más profunda"*.

INSTRUCCIÓN POSTHIPNOTICA

Cuando llegamos hasta diez, le instalamos una instrucción: *"Descansa profundamente"*, que nos va a permitir acortar el trabajo cuando debamos hipnotizar nuevamente a nuestro paciente y que también nos permitirá profundizar la hipnosis, cada vez que nos resulte necesario en el transcurso de la sesión.

DESPERTAR Y REHIPNOTIZAR

Y en ese momento hacemos algo completamente inesperado para nuestro paciente: lo despertamos

Le decimos: *Ahora voy a contar desde 3 hasta 1. Cuando yo diga "uno" vas a despertar sin abrir los ojos, para que yo te vuelva a hipnotizar diciendo: "Descansa profundamente"...3... 2... 1... Estás bien, ¿Verdad?... "¡Descansa profundamente!"*

De alguna manera, la frase contiene un truco. Porque lo hemos "despertado" inesperadamente, con una cuenta muy breve y sin abrir los ojos, diciéndole que lo hacemos **para que** volvamos a hipnotizarlo repitiendo *descansa profundamente*. La instrucción completa implica un giro en el que el paciente, en verdad, nunca está fuera del trance, aunque lo suponga.

Lo esperable, a partir de este despertar-rehipnotizar es que el paciente profundice el estado de hipnosis. Y lo que hemos logrado, además, es crear un recuerdo en su mente: Cuando en la próxima sesión en la que queramos hipnotizarlo, lo toquemos y le digamos *"¡DESCANSA PROFUNDAMENTE!"* en un tono imperativo, habrá ya un registro en su memoria que le diga, que de esa manera se entra en un estado de hipnosis profunda.

Además, no le preguntamos: *"¿Cómo estás?"* porque esto obligaría al paciente a pensar, a buscar una palabra que identifique su estado. Formulamos la pregunta de tal manera que un mínimo gesto de asentimiento sea suficiente respuesta. Y si no recibimos ninguna contestación, lo que sucede muchas veces, continuamos adelante como si hubiésemos recibido una afirmación...

Una aclaración importante es que, cuando damos la instrucción de rehipnosis *"¡DESCANSA PROFUNDAMENTE!"*, en ese momento, apoyamos nuestra mano en el antebrazo del paciente, cosa que hasta ese momento no habíamos hecho.

TOCAR AL PACIENTE

Aceptamos que este es un tema opinable. Algunos hipnotizadores de renombre afirman que no podemos, de ninguna manera, tocar a un paciente en hipnosis. Y los encuadres terapéuticos del psicoanálisis, la hipnosis ericksoniana y otras terapias, prohíben expresamente el contacto físico con el paciente. Además, en algunos estados de los Estados Unidos de Norteamérica este hecho puede llegar a ser un delito punible.

Veamos entonces nuestra posición. Separemos el tema en dos partes: Primero: si es necesario, útil o conveniente tocar al paciente; y en segundo término, de qué manera hacerlo.

Hemos venido explicando desde el principio que nosotros trabajamos con emociones. Pero hasta que el lector no vea los videos adjuntos no comprenderá que, en verdad, lo que buscamos y logramos, es que emerja de adentro del adulto, el niño olvidado y desvalido, con todo su dolor original. Esa niña que llora porque le retiraron su muñeca o ese niño que se espanta ante su abuelo mutilado no pueden volver a revivir sus dolores... solos. Tomar a un adulto que sufrió algo en su niñez y hacérselo re-vivir sin brindarle al mismo tiempo contención afectiva, sería a nuestro entender un acto de crueldad y sadismo. Por esa razón afirmamos que

**En Hipnosis Clínica Reparadora,
esta prohibido NO tocar**

Si un terapeuta no puede soportar la carga de tener que sostener a un adulto de 50 años que está llorando como un niño, porque se ha convertido nuevamente en ese chico de cinco años al que le acaban de servir su pollito, diciéndole: "¡Te lo comes y te callas!", o si cree que puede darle una contención que esquive el contacto físico, no debería utilizar esta disciplina.

Nos parece comprensible: Hay muchos médicos que pueden curar a la gente pero sin practicar cirugía y enfrentarse a la sangre. Así también hay en la psicología muchos lugares desde donde se puede dar ayuda a la gente sin necesidad de enfrentarse a estas explosiones de dolor en estado puro.

La HCR funciona como una cirugía: clava el bisturí, buscando hallar el origen del problema y repararlo. Lo que hacemos es desbloquear emociones. Y la principal herramienta con la que contamos, es con el calor humano, con la empatía, con la contención. En verdad, cuando tocamos al paciente, no estamos tocando al adulto que llegó a la consulta, sino al niño encerrado dentro de él, que estuvo llorando en silencio por décadas, que hemos logrado que recuperara la voz y no vamos a permitir que vuelva a quedar defraudado como en la experiencia original.

Insistimos entonces que en nuestro enfoque, es necesario el contacto físico con el paciente. Veamos ahora entonces de qué manera es posible hacerlo.

En general nosotros estamos muy atentos a este tema. El momento del primer contacto, ya lo dijimos, es cuando hemos "despertado" al paciente y le hemos dado con tono imperativo la instrucción de rehipnosis: *"¡DESCANSA PROFUNDAMENTE!"*

En ese momento, la gente a la que no le agrada ser tocada, no puede evitar un ligero estremecimiento que se dispara automáticamente, reacción de la que nosotros estamos muy pendientes y atentos. Y en tal caso, nosotros le pedimos un permiso EXPLÍCITO. Le decimos: *"En nuestra terapia nosotros tocamos al paciente en el brazo y en la cabeza… ¿Te molesta?"* Y si no nos manifiesta su conformidad, nos manejamos sin el contacto.

En el resto de los casos, que es la inmensa mayoría de las veces, nosotros entendemos que hemos recibido un permiso, solo que TÁCITO.

Cuando recibimos a un paciente que ha hecho muchos años de psicoanálisis, o tiene una importante vida religiosa o por alguna razón imaginamos que puede sentirse invadido por el contacto físico no avisado, pedimos su autorización *antes* de la hipnosis.

¿Por qué no lo hacemos con todos? Porque lamentablemente un gran porcentaje de los pacientes llega a la hipnosis con muchos miedos, creyendo que estará inerme frente a los designios de un hipnotizador que *¡Quién sabe que se propondrá!* Si en ese momento le pedimos permiso para tocarlo, seguramente lo dará… pero estará durante toda la sesión tratando de no profundizar el trance por el temor a las consecuencias del permiso acordado.

Cada terapeuta que desee aplicar la HCR deberá encontrar una respuesta personal para este tema. Porque no es lo mismo ser mujer o varón, tener 30, 50 o 70 años o atender en un pueblo que en una gran ciudad.

Y seguramente habrá lugares donde *el permiso de tocar deberá quedar por escrito y firmado*. E inclusive donde pueda ser conveniente o necesario tener instalada una cámara de video como las de vigilancia que registre las sesiones con señales horarias incorporadas, para poder demostrar si fuere necesario, que las filmaciones no fueron editadas.

PESADEZ

Luego le inducimos pesadez. Le decimos: *"Tu cuerpo está relajado, pero todavía está liviano..."*

Esta es una de las sutilezas que el inconsciente entiende tan bien. Si decimos *"todavía"* es porque en algún momento cercano dejará de estarlo. Y le levantamos una mano para que pueda luego comparar el cambio, cuando su brazo esté rígido. *"Yo voy a contar desde 11 hasta 15 y tu cuerpo se va a poner... ¡pesado!... Cada vez más... ¡pesado!... Confortablemente... ¡pesado!..."* Y contamos lentamente hasta 15 según lo descripto.

La otra sutileza es haber comenzado la cuenta a partir de 11 y no de 1. El mensaje que estamos enviando es que estamos continuando el proceso original que había llegado hasta 10 y no comenzando uno nuevo.

Acá se puede entender porqué usamos cuentas crecientes. En la profundización del trabajo no tenemos límites y podremos llegar hasta donde nos sea necesario.

Es conveniente no omitir la palabra *"confortablemente"*, porque a algunas personas la sensación de peso puede resultarle opresiva o desagradable.

PARPADOS

La siguiente instrucción es la que generalmente se da en primer lugar en casi todas los distintos tipos de inducciones, porque se trata de una de las más fáciles de alcanzar: la de "oclusión palpebral" que es el nombre técnico de los párpados pegados.

Es importante no decir *"No puedes abrirlos"*, sino *"Intenta abrirlos"*. Porque quizás sí los abra o los entreabra y no deseamos tener un retroceso en ese montante de credibilidad que hemos conseguido alcanzar. En este segundo caso, diríamos *"Bien..."* y seguiríamos con la rutina. Mientras nosotros no digamos que algo no salió de acuerdo a nuestros planes, nuestro paciente no lo sabe.

RIGIDEZ

A continuación inducimos dureza muscular además de peso. Pero ahora cambiamos el ritmo y el tono de la voz usando uno más imperativo y hablando más rápidamente.

¿Por qué?

Porque sentir el cuerpo relajado y pesado es grato, es como estar incrustándose sobre un colchón blando y mullido. Pero sentir al cuerpo pesado y duro hasta llegar a estar tan rígido como una estatua de piedra, es francamente desagradable.

Entonces... ¿Por qué lo hacemos?

Porque cuando deseamos distender a un músculo, el método a usar es tensarlo al máximo y soltarlo bruscamente. Y es este el principio que acabamos de utilizar. Le hemos pedido a nuestro paciente que endurezca su cuerpo como si fuera una roca y ahora le vamos a dar la oportunidad de cesar en todo ese esfuerzo muscular que está haciendo, lo que le va a traer un gran alivio y una sensación de liviandad, que le vamos a describir como una disociación cuerpo-espíritu.

DISOCIACION

Es importante decirle que va a dejar a su cuerpo *protegido*, porque hay gente que teme abandonar el cuerpo, pensando que pueda sucederle algo. Si la persona ha tenido experiencia de *viajes astrales* se los puede usar como comparación. Nosotros usamos a los astronautas porque todos los hemos visto flotando sin peso en la atmósfera.

Insistimos con que esta es la descripción de *un modo de hacer hipnosis*. No es el único, ni el mejor. Es el que usamos con más frecuencia y el que la experiencia nos ha demostrado que es muy fácil de asimilar. En nuestros cursos, el 100 % de los alumnos logra en el primer día hipnotizar. Y lo mejor es que si bien siguen la guía general, lo hacen con sus propios paisajes y usando sus propias palabras, experiencia que le recomendamos al lector.

La disociación cuerpo-espíritu sugerida, facilita los trabajos posteriores, donde le pediremos al paciente que realice *trabajos mágicos*, como viajar en el tiempo, hablar con muertos, etc.

TRABAJO HIPNOTICO

Hemos concluido, entonces, con la inducción de la hipnosis.

Lo que viene a continuación es el trabajo a efectuar con el paciente en ese estado y de eso trata, precisamente, el resto de este libro.

DES-HIPNOSIS

El trabajo de despertar al paciente debe ser coherente con el sistema que hemos usado para hipnotizarlo. Como antes lo hemos disociado, ahora debemos asociarlo y retirarle todas las instrucciones que le dimos.

> *Voy a contar desde 1 hasta 5 y tu espíritu va a volver a entrar dentro de tu cuerpo, dentro de ese cuerpo que quedó, duro y pesado, en el sillón (o el lugar donde le estemos haciendo la hipnosis).*
>
> *1... 2... 3... 4... 5...*
>
> *Sientes nuevamente al cuerpo duro y pesado... Pero yo voy a contar desde 20 hasta 11 y vas a perder todo el peso y toda la dureza excesivos...*
>
> *20... 19... 18... 17... 16... 15... 14... 13... 12... 11...*

Ahora voy a contar desde 10 hasta 1, y cuando cuente 1 vas a despertar. Cuando despiertes te vas a sentir bien, muy bien, descansado, optimista, etc. (Este es un momento importante del trabajo, porque el paciente aún está en relación hipnótica con nosotros y lo que le estamos diciendo tiene características de instrucciones posthipnóticas. Por lo tanto, deberán estar adecuadas a las necesidades del paciente. Por ejemplo, "de muy buen humor" se lo diríamos a una persona generalmente malhumorada, etc.).

10... 9... 8... 7... 6... 5...

Cuando despiertes tus párpados no van a estar ni pesados ni pegados... Van a estar ligeros como alas de mariposa...

4... 3... 2... 1... Toma tu tiempo...

No estamos de acuerdo con hacer ningún tipo de señal auditiva como aplausos o chasquidos de dedos para despertar. Despertar es un proceso que hay que respetar.

Lo usual es que el paciente se toma un tiempo, luego abre y cierra los ojos una o dos veces mirando hacia arriba, como orientándose en tiempo y espacio y, recién después, nos dirige una mirada. Y cuando el trabajo efectuado en la hipnosis ha sido importante esto le demanda un cierto esfuerzo, como si estuviera *juntando sus pedazos.* Y aún, en esos casos, durante un cierto tiempo puede costarle enfocar la mirada, como si estuviera simultáneamente en dos realidades distintas.

Lo mejor entonces, es darle sus tiempos, no encenderle luces fuertes, etc.

HIPNOTIZAR ES PELIGROSAMENTE FACIL

Una de las cosas que más asombra a quienes nunca han hecho hipnosis es descubrir que con recursos tan sencillos como estos que acabamos de describir es posible desatar procesos emocionales tan profundos como los que verá en los videos adjuntos.

Como eso es verdad, es preciso que desde el principio el lector trate a la hipnosis con cuidado y respeto. No porque sea difícil, sino por todo lo contrario. A lo largo de este trabajo iremos dando algunos alertas necesarios. El primero ha sido este que acabamos de decir: *no despertar de golpe*.

Compare el lector esta actitud con la de los hipnotizadores teatrales, que eligen a la persona más sugestionable del público, la hacen alucinar en el centro de la escena, imaginando, por ejemplo, que está conduciendo un automóvil y la despiertan con un fuerte aplauso. El sujeto, en su realidad interior, estaba conduciendo su coche por el campo, y de pronto, sorpresivamente, se encuentra en el centro de un escenario, frente a un público que rompe en risas y aplausos. Y eso le provoca un estado de confusión y una amnesia de tipo post-traumática, como la subsecuente a un golpe en la cabeza. Eso es —exactamente— lo que no se debe hacer.

En hipnosis es esperable lo inesperado. El lector que quiera hipnotizar, no puede nunca ser tomado de sorpresa, porque lo sorprendente es la regla. Usted pide que suba y en su imaginación, el paciente está bajando. Usted pide que vaya a un momento alegre y estalla en llantos. Eso es lo usual, porque el inconsciente del paciente, que es el que verdaderamente guía el derrotero del trabajo tiene sus propios caminos y toma sus propias decisiones.

Nunca debe demostrar asombro y mucho menos miedo. Imagine el lector que está en una mesa de operaciones. Le están operando el apéndice con anestesia local. El cirujano está trabajando tras de una sábana que le impide ver. Y de pronto, exclama: *"¡AY, DIOS MIO!"*. ¿Se puede imaginar como se sentiría? Eso le pasará a su paciente si usted le permite descubrir su susto.

No puede huir. Su responsabilidad es como la de un cirujano: Usted abrió al paciente, usted lo cierra y lo cose. Igual que un cirujano también, usted puede encontrarse con algo que excede sus conocimientos, intuición o capacidad de manejo. Aún así, es su responsabilidad devolverlo al estado de vigilia lo mejor que pueda, para luego derivarlo con alguien que disponga de más recursos.

En el transcurso del libro iremos colocando más alertas, cuando corresponda. Sobre todo, *a quien no conviene hacerle hipnosis*.

INDUCCIONES POSTERIORES

Hemos colocado a nuestros pacientes una instrucción de rehipnosis: "Descansa profundamente". Su utilización en trabajos futuros nos va a permitir ahorrarnos algunos pasos: No es necesario describir nuevamente el paisaje y, por supuesto, tampoco la maniobra de despertar-rehipnotizar para instalar el "Descansa profundamente".

Veamos entonces, de qué manera se diferencian la primera hipnosis de las subsecuentes y aprovechemos la oportunidad para hacer un repaso final de la manera en la que inducimos la hipnosis.

PRIMERA INDUCCION	INDUCCIONES POSTERIORES
Respirar profundamente	Respirar profundamente
	¡Descansa profundamente!
Descripción de un paisaje, con estímulos para todos los canales.	
1 a 10 – Relax ordenado	1 a 10 – Relax ordenado
Instalación del "Descansa profundamente" Despertar - Rehipnotizar	
11-15 - Pesadez	11-15 - Pesadez
Párpados pegados	
16-20 - Dureza	16-20 - Dureza
Disociación	Disociación

TERCERA PARTE: REGRESIONES A VIDAS PASADAS

CAPITULO I: REENCARNACION

Somos concientes que éste es el tema que más rechazo causa a muchas personas, quienes creen que les estamos proponiendo un retorno a creencias medievales o que deberán adherir a algún tipo especial de credo.

Por eso es que consideramos importante esclarecer este punto desde un comienzo: Las regresiones a vidas pasadas incluidas en la Hipnosis Clínica Reparadora, son una parte importante de un tratamiento psicológico, con probados resultados terapéuticos fácilmente verificables. Y para obtener sus beneficios no es imprescindible —aunque sí conveniente— que crean en esto, ni el terapeuta ni el paciente.

Tan solo le pedimos al lector, que suspenda su juicio sobre la conveniencia o no de su realización, hasta concluir la lectura de este capítulo y, si fuera posible, de todo el libro. Porque así podrá entender y evaluar antes de juzgar, las ventajas terapéuticas de su utilización.

CREENCIAS

No sería honesto de mi parte avanzar por este tema sin, previamente, establecer cuales son mis creencias. Insisto en que la terapia se puede aplicar cualesquiera sean, pero aún así me parece correcto esclarecerlo.

Creo, personalmente, en la reencarnación. Pero creo "pacíficamente". No soy "reencarnacionista" ni trato de convencer a nadie de nada. Si la reencarnación existe, vamos a reencarnar todos. Los que creemos y los que no creen. Y si no existe, como dicen los mexicanos: "¡Ni modo!", no va a reencarnar nadie. No hay nada entonces que podamos o debamos hacer.

No provengo del mundo esotérico sino del de la psicología. No comulgo con la interpretación más usual del karma, esa que anda buscando la justificación de las desgracias de la vida actual en hipotéticos castigos a conductas adoptadas en vidas anteriores. En la India y países cercanos, a diferencia de occidente, las clases sociales son herméticas. En la Argentina, un obrero puede llegar a ser presidente (en Brasil lo ha sido), pero en la India, si uno pertenece a una casta inferior, él y toda su descendencia jamás podrán salir de ella. Entonces, que le digan a esa persona que todos sus sufrimientos y carencias se los ha buscado él mismo con sus malas acciones en una vida anterior, es políticamente conveniente... Y que le afirmen que esa persona que se está aprovechando de sus carencias "la va a pagar muy caro en su vida futura", también lo es...

Yo creo en cambio, que venimos a aprender lecciones. Creo que si soy racista es posible que en mi encarnación futura sea negro. Pero no como castigo, sino como aprendizaje, para descubrir qué es lo que se siente cuando se es discriminado. Si se tratara de un castigo debería aceptarlo sin protestar. Y es exactamente todo lo contrario...

¿PRUEBAS DE REENCARNACION?

A mediados del siglo XX, a un paciente que estaba siendo sometido a una operación cardiaca a "cielo abierto", o sea con el tórax abierto, se le detuvo el corazón. Y el cirujano que le estaba practicando la operación tuvo la intuición de comenzar a masajearlo y el corazón comenzó a funcionar nuevamente.

La noticia se expandió por el planeta como un reguero de pólvora. Y pronto se aceptó que si era posible la reanimación con masajes, también se lo podría hacer sin abrirle el pecho. Habían nacido las técnicas de reanimación cardiopulmonar. Fue un salto paradigmático: hasta ese momento la muerte se consideraba irreversible. Desde entonces, se han desarrollado múltiples recursos para poner nuevamente en marcha a un corazón detenido: masajes, inyecciones, desfilibradores, etc. se usan a diario en todo el planeta.

También a partir de ese momento, comenzaron en occidente a registrarse los testimonios de personas que han estado clínicamente muertas, a las que se las volvió a la vida con reanimación. El primero de los libros que recogió tales testimonios fue "Vida después de la vida" de Raymond Moody, que es, quizás, uno de los más interesantes, porque occidente estaba entonces todavía virgen de tales creencias. Lo mismo no pasaba en oriente, donde la mayoría de las religiones ya creían en la reencarnación.

Aparecieron entonces, los testimonios de personas que habían "muerto", visto un túnel, una luz, sintieron mucha paz, vieron alguna presencia que les pasó algún mensaje, etc. Y a continuación surgieron las explicaciones supuestamente científicas a esos fenómenos. Por ejemplo: que serían alucinaciones provocadas por una inundación de adrenalina frente al temor a morirse.

¿Verdad? ¿Mentira? Vamos a tener que morirnos para averiguarlo...

Pero existen casos, muchos casos, donde el reanimado no cuenta acerca del túnel, sino que da testimonio de todas las maniobras de resucitación a las que fue sometido. Ha estado viendo y registrando todo desde una posición superior, como si hubiera sido una cámara flotando en el espacio.

Esto indudablemente no es *alucinación*, es *información*. Una teoría que afirma que esos datos se han podido obtener telepáticamente de los presentes, ha quedado muchas veces invalidada porque en algunos casos el paciente tiene información que los testigos desconocen. Un alumno de un curso, por ejemplo, nos testimonió que tuvo un paro cardíaco cuando le inyectaron yodo para una resonancia magnética. Cuando el médico recriminó a la enfermera porque no siguió sus instrucciones que lo prohibían, nuestro amigo lo corrigió: La nota existió pero la enfermera nunca la vio. En cambio, en pleno coma, él había visto desde otro plano, como la nota médica se deslizó bajo un armario, donde luego fue hallada:

Por supuesto que este fenómeno no es prueba de reencarnación, pero es lo que más se aproxima a una prueba de que el espíritu o alma puede sobrevivir a un cuerpo que ha dejado de funcionar.

¿NUNCA TENDREMOS UNA VERDADERA PRUEBA?

Lo siento: creo que no. Me explicaré:

Suponga que he puesto un aviso para seleccionar a un empleado. Pero he decidido probarlo. Antes de que entre a mi oficina he dejado un billete de cien dólares arrugado debajo de una silla. En algún momento de la entrevista salgo con alguna excusa y cuando vuelvo, el aspirante me dice: "Perdone señor, pero allí en el suelo hay un billete".

Es probable que el haya *sospechado* que el billete estaba allí intencionalmente pero, de todas maneras, ha pasado la prueba.

Ahora, ¿qué sucedería si, antes de entrar en mi oficina, me hubiera visto por un espejo cuando yo me abría la chaqueta, sacaba la billetera, extraía un billete, lo arrugaba, lo ponía bajo la silla, me guardaba la billetera, me arreglaba la chaqueta, me volvía a sentar y lo llamaba? En ese caso ¿La prueba habría sido superada o, en cambio, habría quedado invalidada?

Creo, sinceramente, que habría quedado nula. Porque, esto es importante, *la certeza invalida la prueba.*

Y si encarnamos para aprender lecciones ¿Porqué creemos que nos darán el resultado antes de concluir la prueba?

Creo que podremos tener sucesivos acercamientos a la verdad pero nunca la certeza. Porque precisamente esa indeterminación es la que convierte a la vida en una prueba.

Por eso es que si ahora me dijeran que solo me quedan 48 hs. de vida, debería entonces, con mi miedo y mis dudas sobre la realidad o no de estas ideas, decidir cómo debo conducirme con mi familia, con mis amigos, con el mundo.

APROXIMACIONES A LAS PRUEBAS

Esto que acabamos de exponer no significa que las regresiones a vidas pasadas de nuestros pacientes y alumnos no nos hayan arrimado a gran cantidad de sucesos que, *a nuestro entender*, no tienen explicación sino a través de la reencarnación.

En nuestra página web **www.hipnosisclinicareparadora.com** se pueden encontrar dos de ellos.

Uno es el "Caso IRMA" donde una paciente se expresó en un idioma desconocido para ella, fenómeno conocido como "xenoglosia". Sus parlamentos fueron difundidos luego por una radioemisora argentina y una oyente pudo traducir su significado, ya que era un dialecto que había aprendido de su abuelo.

Otro es el "Caso MIRTA" donde una paciente que sofocaba con su sobreprotección a su hija de 9 años, regresó a una vida donde, dramáticamente, relató como se le cayó su niño de los brazos y fue pisado por caballos de soldados frente a sus ojos. En este caso la prueba fue la emergencia de emociones tan fuertes como una actriz no hubiera podido representar y al hecho de que, luego de esa experiencia, el problema quedó solucionado para siempre.

También se le puede sumar el Caso ALFREDO que describimos en las páginas siguientes y que se asemeja a muchos otros que suceden a diario en nuestra consulta.

Pero aceptamos, a priori, que siempre será posible encontrar alguna otra interpretación posible para cualquiera de estos casos.

Lo único verdaderamente importante para nosotros es que se trata de hechos terapéuticos que permitieron cambios, curas o mejoras definitivas. Y al respecto no abrigamos dudas.

CAPÍTULO II: EL CASO ALFREDO

En los cursos, antes de la explicación de la técnica, realizamos un trabajo en vivo, con alguno de los participantes. Luego exponemos en detalle la manera de hacer las regresiones, o sea transmitimos la técnica básica con la cual conducirse. Finalmente hacemos, recién entonces, el análisis del trabajo efectuado al principio, contemplando las circunstancias especiales que siempre conlleva cualquier caso real.

De esta manera logramos que la primera visión del trabajo sea "ingenua" y que los alumnos se "sorprendan" igual que nosotros con el devenir de un caso real.

Para este libro hemos decidido mantener el mismo esquema, que ha demostrado ser muy eficaz. En este caso preferimos incluir un caso real tomado de la clínica y no de un curso. Lo publicamos con autorización del paciente y de sus padres, porque se trata de un joven de 18 años.

Aunque el permiso incluía el de publicar sus verdaderos nombres, hemos elegido reemplazarlos.

Contamos para este caso con el pedido de ayuda describiendo el problema, ya que llegó a nosotros a través de un mail, porque el paciente vivía en Montevideo, Uruguay.

EL PEDIDO (Mail de la madre, desde Uruguay, 20 de Febrero de 2008)

"En casa estamos enfrentando un problema que entiendo requiere medidas especiales. Alfredo, nuestro hijo, tiene 18 años y está terminando el liceo, de hecho ya cursó todos los años y ahora le queda dar algunos exámenes.

El problema es que frente a cada acto de examen (y a veces con un simple escrito) Alfredo sufre episodios nerviosos que son realmente traumatizantes.

Los cuadros que presenta ante estos eventos incluyen ansiedad, caída del cabello, y una multitud de síntomas que indican alteración del sistema nervioso vegetativo, tales como sudoración excesiva de las manos y rostro (se le han llegado a mojar las hojas de examen en pleno escrito y ha llegado a perder parte de lo escrito por esa razón), alteraciones en el tránsito digestivo (diarrea), náuseas, y fuertísimos dolores de cabeza. Además ha requerido en varias oportunidades, medicación para tratar contracturas cervicales y dorsales producto del mismo estrés.

También, con bastante frecuencia le ha pasado de quedarse totalmente en blanco en medio de un examen, y presentar una rigidez que han tenido que llamar emergencias, a pesar de haber estudiado y haberse demostrado a si mismo, que dominaba la materia antes del examen.

Un aspecto que llama la atención es que estos cuadros son peores frente a los exámenes escritos que los orales, pero en todos ellos, los problemas se presentan. En muchos aspectos, los cuadros que presenta cuanto más se acerca la hora del examen, se asemejan grandemente a lo que conocemos como « crisis de Pánico ».

Este problema lo ha presentado con mayor o menor intensidad a lo largo de todos sus estudios, pero sin dudas que en los últimos dos años se ha agravado.

Asimismo, como las estrategias que hemos tratado de implementar para ayudarlo, no han dado resultado, y estamos a las puertas de que vaya a comenzar los estudios universitarios, hemos notado que está buscando estudiar o formarse en áreas en las que pueda hacer los estudios on-line, y en los que al final, él sea su propio patrón, de manera de no tener que rendir examen o presentarse a una entrevista de trabajo o cosas por el estilo. Lo que nos preocupa enormemente en este aspecto, es que vemos que se está condicionando a hacer algo para lo que quizás no sea su verdadera vocación y nosotros quisiéramos que él se realice y desarrolle su máximo potencial en todas las áreas de su vida, inclusive la laboral o profesional. También nos preocupa que en el futuro tuviera que dejar de lado oportunidades brillantes de trabajo (que a veces aparecen una sola vez en la vida) por este miedo que tiene frente a los exámenes y las entrevistas.

Lamentablemente, no hemos tenido éxito en identificar las raíces del problema. Es bueno aclarar que ni mi marido ni yo, le ponemos (ni nunca lo hemos hecho) exigencias del tipo « tenés que salvar los exámenes o si no… » ni tampoco las del estilo « si salvás el examen te regalamos… » y en casa hay un ambiente bastante abierto en el que se habla cualquier tema sin ningún tipo de cortapisas. Tenemos bien claro que el diálogo con Alfredo es muy bueno.

Otra cosa que nos viene preocupando es el aislamiento que cada vez se hace mayor. Es un joven solitario con uno o dos amigos, en eso quizás presiono un poco para que salga y después me dice sí, que la verdad es que la pasó bien. Quizás otros padres con los problemas que hay en la calle hoy día desearían que sus hijos estén en su casa pero la verdad él no sale a ningún lado, o sea que no tiene integración grupal ninguna. Lo invitan compañeros a salir y siempre con mucha habilidad tiene algo que hacer.

Las estrategias que hemos puesto en práctica para tratar de solucionar este problema tampoco han dado resultado (hemos probado desde ejercicios de relajación, Reiki, flores de Bach, meditación, medicación, hipnosis, y charlas abiertas con él (para contenerlo y apoyarlo) y pensamos que en este sentido juegan en nuestra contra dos factores: 1- que no hemos logrado identificar la o las causas del problema. 2- que es muy probable que el lazo afectivo con él esté afectando la resolución del problema.

Más allá de que apruebe o no los exámenes que debe enfrentar, lo que mas nos importa como padres, es que Alfredo sea feliz, y nos duele muchísimo verlo pasar estos momentos que además nos llenan de impotencia dado que no hemos sabido resolver el problema adecuadamente.

Con todo este panorama, Profesor, es que quisiera pedirle que tuviera a bien atender a Alfredo, de ser posible, en las próximas semanas.

En este mes de Febrero le quedan todavía exámenes para dar sobre finales de mes y quisiéramos ver si podemos lograr que los dé sin tanto sufrimiento. De hecho, no estamos seguros de dejarlo que los dé, si no se ha atendido por lo menos una vez antes con usted.

PD: nosotros lo consultamos a él para atenderse con usted y está muy entusiasmado en poder encontrar una solución a su problema."

LA ATENCIÓN (31 de Marzo de 2008)

Durante la primera hora de consulta hablé con el paciente y confeccioné su historia clínica. Entre los distintos datos aportados por Alfredo, el más significativo fue que al entrar en el Liceo (escuela secundaria), intimidado por el cambio desde la escuela primaria, se aplicó a estudiar mucho y a saber siempre la lección. Esto despertó las iras de una "patota" (expresión argentina que refiere a un grupo de personas agresivas) que lo aguardó a la salida del colegio y lo golpeó.

LA HIPNOSIS

Quiero que imagines que tenés frente a vos una escalinata… Una escalinata de mármol que conduce a un templo… A un viejo templo de gruesas columnas y una pesada puerta de madera. Vos vas poder hablar sin salir de la hipnosis. Cuanto más hables, más profundamente vas a entrar en hipnosis… ¿De qué color es el hábito del anciano?

Blanco

Bien, el anciano te extiende su mano y te dice: bienvenido Alfredo, te estaba esperando y entra contigo dentro del templo. Una vez dentro te dice: éste es el templo del tiempo, éste es el sitio donde se cruzan las coordenadas de tiempo y espacio. En este lugar, es donde el futuro se convierte en el presente y el presente se convierte en el pasado. ¿Cómo es el templo? ¿Grande, pequeño, luminoso u oscuro?

Grande

Bien… El anciano te lleva de la mano y te conduce hacia un pasillo, es un extraño pasillo con muchas puertas de distintos colores… y el anciano te dice: éste es el pasillo de tus vidas, detrás de cada una de esas puertas están los recuerdos de tus distintas encarnaciones… Detrás de la puerta blanca - y en ese momento percibís que una de las puertas es blanca - detrás de la puerta blanca están todos los recuerdos de esta vida, todo lo que ocurrió en la vida de Alfredo está detrás de la puerta blanca, todo lo que ocurrió desde que estuviste en el vientre materno hasta este mismo instante. Detrás de las otras puertas están los recuerdos de tus vidas anteriores, de vidas que viviste dentro de otros cuerpos, con otras caras y con otros nombres. Dentro de unos instantes vas a atravesar una de esas puertas y vas a entrar en el pasado… Pero este no va a ser un paseo, esto no va a ser turismo: vas a entrar en el pasado para encontrar la raíz y la solución a tu problema, a éste problema que

se manifiesta impidiéndote dar examen, pero que también se
manifiesta haciendo que tengas pocos amigos, haciendo que no
vayas a visitar a los amigos que tenés, haciendo que te asusten
las chicas... No voy a ser yo, va a ser tu mente no conciente la
que va a elegir si debemos atravesar la puerta de esta vida o de
las vidas anteriores, yo voy a contar desde uno hasta cinco y se
va a iluminar la puerta elegida. Uno, dos, tres, cuatro, cinco...
¿Qué puerta se iluminó?

Verde... Muy grande...

Bien, vamos entonces a atravesar la puerta verde y vamos a ir a
una vida anterior donde tu espíritu vivía dentro de otra persona, donde vos eras otra persona. Cuento desde uno hasta
cinco y atravesamos la puerta verde. Uno, dos, tres, cuatro,
cinco... ¿Es de día o es de noche?

Es de día

¿Estás a la intemperie o en un sitio cubierto?

Intemperie

¿Sos hombre o mujer?

Hombre

Describite desde afuera. ¿Cómo sos? ¿Alto, bajo, rubio, moreno?

Alto, muy flaco, estoy triste...

¿Cómo estás vestido?

Pobremente

Metete dentro tuyo y decime cómo te llamas

No lo entiendo

Decime un nombre parecido

Shuifer...

Bien Shuifer... Vamos entonces a recorrer la vida de Shuifer desde
el comienzo hasta el final tratando de encontrar las cosas que
están vinculadas con tu problema, hasta atravesar la propia
muerte de Shuifer. Cuento desde uno hasta cinco y nos vamos
al primero de los recuerdos importantes: uno, dos, tres, cuatro,
cinco... ¿Dónde estás Shuifer? ¿Cuántos años tenés?

Doce

¿Y que pasa Shuifer? Contame…

Hay una discusión con mi familia

¿Quiénes son tu familia?

Mis padres, tengo dos hermanos…

¿Y qué sucede?

Mi padre está discutiendo.

¿Con vos?

No, con mi madre… Están preocupados, están buscando una solución, necesitan salir de donde están

¿Por qué? ¿Hay un problema de guerra?

No sé, hay muchos problemas. Ahí, la estamos pasando mal…

¿Vos sos el hermano mayor, el menor o el del medio?

Mayor… Ellos no tienen que escuchar lo que están hablando

Yo voy a contar desde uno hasta cinco y vos vas a saber en qué año estás y en donde estás. Uno, dos, tres, cuatro, cinco… ¿Qué año es? ¿Dónde estás?

Me parece mil nueve cuarenta… y pico

¿Y dónde estás? ¿En Europa?

Sí

Hay mucha tensión ¿verdad?

Sí

Cuento desde uno hasta cinco y nos movemos al próximo evento importante en la vida de Shuifer. Uno, dos, tres, cuatro, cinco… ¿Cuánto tiempo pasó y qué está pasando ahora?

Pasó muy poco tiempo, no sé como decir, es como si nos hubieran agarrado, no nos podemos ir de donde estamos, nos están separando… Dejo de ver a mi mamá…

¿Con quién te vas?

Estoy con mi padre y mis hermanos

¿Son judíos? ¿Son polacos? ¿Qué es lo que pasa?

Judíos… Hay mucho desconcierto, nos tratan mal

Si en algún momento la situación que estás viviendo es muy dolorosa, podés separarte y filmarla desde el techo. Cuento desde uno hasta cinco y seguimos avanzando. Uno, dos, tres, cuatro cinco... Contame...

Hay mucho frío...

Vamos a seguir avanzando, uno, dos, tres, cuatro, cinco... Contame Shuifer ...

Estoy sólo, pero con mucha gente que yo no conozco... Estamos parados...

¿Están en un campo de concentración?

Sí, y estamos parados y no nos podemos mover.

¿Hay mucho miedo verdad?

Sí... Estamos mucho tiempo parados...

¿Están adentro del galpón o afuera, a la intemperie? ¿Hace frío?

Afuera, a la intemperie... Hace frío, tenemos hambre... Si nos movemos nos van a matar, me siento muy solo ahí...

Uno, dos, tres, cuatro, cinco... ¿Y ahora?

Estoy muy flaco... Se me notan mucho los huesos, estoy en una especie de galpón con techo redondo... Hay mucho frío, somos muchos...

De tu papá y tus hermanos ¿Ya no sabés más nada?

Nada, hace mucho que no los veo y no sé nada de ellos. Hay mucha gente que da apoyo...

¿Hay gente que te da apoyo?

Que está con nosotros en el mismo galpón...

¿Que también están desnudos como vos y flacos como vos... Pero que son fuertes espiritualmente?

Sí

Vamos a seguir avanzando uno, dos, tres, cuatro, cinco... Contame...

Nos hacen mover gente, gente que está muerta, gente que yo ya vi... ¡Ay, qué feo!... Gente que estaba con nosotros... ¡Está muerta!... Nos hacen sacarlos... ¡Qué feo!...

¿Y qué tenés que hacer? ¿Sacarlos y qué más?

Sacarlos y llevarlos a otro lugar… No termina más esto… Parece que no hay fin…

Sigamos avanzando uno, dos, tres, cuatro, cinco… ¿Y ahora?

Seguimos ahí… nunca más salimos de ahí… parece que no termina, es un lugar feo, un olor espantoso que no me lo puedo sacar de la nariz, cada vez estamos peor…

¿Tenés apenas doce o trece años?

Si, pero me tratan como un grande, como uno más…

Sigamos avanzando uno, dos, tres, cuatro, cinco… ¿Y ahora Shuifer?

Estoy muy sucio, estoy enfermo…

Entonces te van a liquidar ¿No?

Sí no les sirvo para nada… ¡Ay!… No me gusta nada… ¡Me están llevando!

¿Vas caminando?

No puedo razonar mucho, estoy enfermo…

¿Vas con otros?

Sí…

¿Van caminando, los van llevando?

Sí, como si fuera un trapo… A un lugar donde hace mucho calor… ¡Ay! ¡Están quemando gente! ¡No! ¡No quiero estar ahí!… ¡No quiero, no quiero ver…!

¿Dónde los llevan? ¿A una barraca?

Sí, sí… Hay grandes chimeneas ahí que largan… como si fueran cenizas que cubren todo el lugar, como si fuera nieve, raro… ¡Es mi fin!… ¡No quiero sufrir, por favor…!

¿Están matando con gas venenoso?

No, no, nos van a quemar, ¡me van a quemar a mí…

¿Vivo?

Sí

Me parece que no, que los matan antes de quemarlos ¿Vos estuviste sacando cadáveres de gente muerta no?

Sí

O sea primero los matan y después los queman me parecen... ¿A ver? Voy a contar hasta cinco y vas a entrar en Shuifer en los instantes previos a su muerte uno, dos, tres, cuatro, cinco... ¿Dónde estás?

En un lugar grande, pero no puedo respirar

¿Hay mucha gente?

Sí, están todos llorando, no puedo llorar

¿La gente reza?

Sí... Intento respirar y no puedo... Un dolor fuerte en la cabeza y no veo...

¿Moriste ya?

Sí (tose)

¿Podés verte desde afuera?

Sí

Es un espectáculo muy triste ¿verdad?

Desolador

Pero ahora llegó la paz... Ahora entonces vas a ascender y pronto vas a estar frente a un ser de luz. Todos tenemos un ser de luz que mira por nosotros en particular: llamalo "Ángel de la guarda", "Espíritu guía", "Maestro" o como quieras llamarlo... Pronto vas a enfrentar a un ser de luz, a tu ser de luz y cuando estés frente a él quiero que me avises porque hay dos preguntas que deseo hacerle...

Sí...

Bien, La primera pregunta que deseo hacerle es "¿Cuál fue la lección que tenía que aprender Shuifer en esa vida?"

No importa cuanto cueste vivir, siempre va a haber un motivo

Bien... La siguiente pregunta es ¿De qué le va a servir a Alfredo, haber revivido esta vida de Shuifer?

Le va a servir para no volver a quedarse paralizado por los miedos...

Yo entiendo, que si en la última vida uno murió después de ser víctima de tanta violencia, de tener que estar paralizado por horas y horas, eso puede ahora acceder desde la memoria haciendo que uno reaccione igual... pero haber podido tener este recuerdo va a hacer que esto termine ¿Verdad?

Sí

Y finalmente Shuifer te pido, antes que te vayas, que le des un mensaje a Alfredo, a este que vos mismo vas a ser dentro de muchos años Dame un mensaje para Alfredo, Shuifer.

Por más grandes que sean los problemas, uno siempre va a poder salir

Bien, le quedo muy agradecido a Shuifer... Ahora entonces el anciano te lleva y te coloca frente a la puerta blanca y el anciano te dice ahora entonces vas a visitar esta vida, vas a atravesar esta puerta y vas a entrar, no en el momento de la paliza, sino que vas a entrar después de la paliza... Vas entrar cuando Alfredito *(su sobrenombre infantil)* está en su cama, queriéndose dormir con el cuerpo dolorido y muerto de miedo, cuento hasta cinco y entrás en ese momento, uno, dos, tres, cuatro cinco ¿Dónde estás Alfredito?

En el cuarto

Te duele todo ¿Verdad?

Sí

Pero lo que más tenés es miedo

(Asustado) No quiero volver...

Éste es el momento en que Alfredito está resolviendo: "No quiero que nadie me vuelva a mirar nunca, nunca más voy a salir bien, nunca más me voy a destacar, para que nadie me mire nunca" ¿Verdad?

Sí

Yo quiero que Alfredo, este chico de dieciocho años, años, grande, fuerte que ya aprendió defensa personal, entre en esa escena y le dé protección a ese niño, ¿Podés?

Sí…

(Le coloco contra el pecho a un almohadón al que abraza)
Quiero entonces que tengas al niño contra el pecho y quiero
que lo abraces… No podés apretarlo porque le duelen las cos-
tillas pobrecito, ¿verdad? Quiero que interiormente desde tu
mente hasta su mente le digas que ya puede cambiar esa decisión porque vos ahora sos grande y lo vas a proteger y vos
no vas a dejar que nadie le pase por encima. Shuifer no pudo
evitarlo porque tenía enfrente un ejército y una nación, pero
esa no va a ser tu circunstancia y vos sí lo vas a poder defender
¿De acuerdo?

Sí

Y quiero que veas que Alfredito te sonríe, porque la protección
que le da papá y que le da mamá es una protección muy lejana
que a veces trae más problemas ¿No es cierto? Pero ahora él
está protegido como el que tiene un hermano mayor ¿Viste que
en la escuela, al que tiene un hermano mayor nadie lo toca,
porque sino él llama al hermano y éste lo defiende a los golpes?

Sí

Ahora Alfredito tiene un hermano mayor de dieciocho años,
mayor, grandote y morrudo[7], que puede hacerle frente a cualquiera ¿De acuerdo?

Sí

El anciano te dice: nada va a volver a ser igual en tu vida, porque
ahora entendiste el motivo de tu parálisis. Tu parálisis, era la
parálisis de un pobre chico torturado y muerto por los nazis. El
mensaje de Shuifer fue: "Por más grande que sean los problemas, siempre vas a poder salir"…

Ahora entonces el anciano te dice: "Vas a tener una oportunidad
que casi nadie tiene, vas a ir a visitar dos o tres escenas de tu

---

7 Con mucha fuerza

futuro… Vas a ir a visitar el próximo examen que tenés para dar…" ¿Cuándo es el próximo examen?

En Diciembre

¿En Diciembre recién? ¿No tenés ningún examen antes de ese?

Sí

¿Cuándo?

En abril

¿Qué materia va a ser?

-Es un examen distinto, es el de conducir…

Bien, entonces voy a contar desde uno hasta cinco y te vas a trasladar hasta ese examen y te vas a poder ver a vos mismo con tranquilidad, con serenidad y vas a descubrir con asombro que ya no traspiras y no tenés taquicardia, que apenas tenés un poco de ansiedad: la necesaria porque es un examen. Uno, dos, tres, cuatro, cinco… Avisame cuando la escena termina.

(Silencio durante un minuto)… Terminó

¿ Estuviste tranquilo, verdad?

Sí, tranquilo y sereno.

Bien, ahora entonces decime ¿A qué examen te voy a trasladar? ¿Cuál es tu próximo examen escrito?

Matemática

¿Cuándo lo vas a dar?

Diciembre

Entonces voy a contar desde uno hasta cinco y te vas a ver dando ese examen con la tranquilidad con que debiste haber tenido siempre: Uno dos, tres, cuatro, cinco… Avisame cuando concluye el examen.

(Silencio durante un minuto)… Terminó

¿Cómo fue?

Lo salvé

¿Sin demasiados nervios, no?

No, solamente a lo último un poco de ansiedad

Bien eso es lo lógico y está bien…

Sí

Ahora voy a contar desde uno hasta cinco y te vas a ver saliendo con una chica, avanzándola, apretándola y sintiéndote seguro, muy seguro: Uno, dos, tres cuatro cinco... *(dos minutos y medio de silencio)* ¿Todo bien?

Todo bien

Y ahora finalmente vas a ir a una escena donde hay dos muchachos que tratan de patotearte[8] y vos le hacés el entre[9], inclusive le pegás algún empujón o se pechean o se dan un empujón y vos te das cuenta que, en realidad, cuando te miran a los ojos y descubren que no les tenés miedo, los que arrugan[10] son ellos y a vos no te importa si te llegas a comer una trompada, porque no es más dura que cuando te golpeás jugando un deporte y no les tenés miedo: Uno, dos, tres, cuatro, cinco...

... Sí

¿Cómo fue?

Vinieron dos, querían pegarme, me agarré y comencé a pegarle a uno y me dijo que "No me pegues más, está todo bien"

Bien, descansá profundamente, profundamente... el anciano te acompaña hasta la puerta del templo y te dice: "Nada va a volver a ser igual a partir de ahora... Indudablemente tu vida anterior fue muy dura, corta y con un aprendizaje muy duro, muy importante para la evolución de tu alma pero de una experiencia muy dolorosa... Y para colmo el episodio de cuando te pegaron en el Liceo sucedió prácticamente a la misma edad de tu muerte en la vida anterior, a la misma edad de cuando vinieron y te llevaron al campo de concentración... Eso trajo desde el pasado un montón de miedos y un montón de respuestas aprendidas... "Quedarte paralizado" era la única forma que

---

8   Desafiarlo agresivamente

9   Le hacés el juego

10   Se acobardan

tenía Shuifer para sobrevivir, pero esa no es la respuesta adecuada para Alfredo y eso nunca más se va a repetir..."

Ahora cuando cuente tres tu espíritu va a volver a entrar dentro en tu cuerpo, dentro de ese cuerpo que quedó duro y pesado en el sillón, uno, dos, tres... tu cuerpo nuevamente está duro y pesado pero yo voy a contar desde veinte hasta once y vas a perder todo el peso y toda la dureza veinte, diecinueve, dieciocho, diecisiete, dieciséis, quince, catorce, trece, doce, once... Tu cuerpo está nuevamente muy relajado, muy relajado y muy liviano... Y cuento ahora desde diez hasta uno y cuando cuente uno vas te vas a sentir tan bien como no te sentiste en los últimos seis años: Diez, nueve, ocho, siete, seis, cinco, cuando despiertes tus párpados no van a estar ni pesados ni pegados: van a estar ligeros como alas de mariposa, cuatro, tres dos, uno...
Gracias

FUERA DE HIPNOSIS

¿Duro eh? El tema del holocausto nazi, ¿es un tema que te importó, del cual te informaste alguna vez?

Es un tema en el que pensé muchas veces... Pero cuando hicimos la regresión, en un momento yo pensé: "¿De que me va servir revivir tanto sufrimiento?" Y ahora, cuando vos me hablabas, volví a pensarlo: Me sirvió de mucho, porque yo me dije: "¡Tantas cosas feas, que no se comparan ni ahí, con lo que me pasa ahora!"...

Además sirve para sacártelo de adentro... Porque ese dolor, esa experiencia, no te pertenece a vos, no le pertenece a Alfredo, no es de esta vida, no tiene por qué estar ahí... Y en el mismo momento en que pudiste sacarlo de adentro, como quien dice "vomitarlo", dejó de estar ahí... Vos fijate que usaste una descripción que no está siquiera en las películas: hiciste una mención al

olor, como que era un olor que no te podías sacar de encima…
Y eso es experiencial porque vos poder ver una película de los
campos de concentración pero no te podés imaginar el olor.
¿Sabés por qué? Porque no tenemos imaginación olfativa: vos
podes hoy imaginar una sopa de coliflor a condición que hayas
olido una sopa de coliflor alguna vez. Pero vos no podés imagi-
narte como huele una pila de cadáveres salvo que hayas estado
allí y en el momento que lo decías, estaba aquí, estaba en tu
nariz el olor… Por eso te digo, por si vos tenés dudas respecto
de si esto fue un recuerdo verdadero o una película que te hiciste. ese comentario del olor, lo define… No me puedo sacar
de encima ese comentario del olor…

La sopa de coliflor no me la puedo imaginar, tampoco.

No la podés imaginar porque nunca lo oliste… Pero fue clara en
cambio la experiencia de Shuifer, porque te quejaste del olor,
dijiste "no me lo puedo sacar"

Sí

Eso te demuestra que viene desde la experiencia. Ahora, esa experiencia no es de Alfredo y eso se va a modificar. Fijate que la
respuesta era estar paralizado por horas porque si no "Nos van
a matar", decías "Si me muevo nos van a matar"

Sí… Es lo que me pasa en los exámenes

Ni siquiera era "me" van a matar. Dijiste: "Si me muevo "nos"
van a matar", no sólo te castigaban a vos, sino que castigaban a todos.

En los exámenes me paralizo así.

Ahora podés decirlo en pasado: "Yo en los exámenes me
paralizaba"

Yo en los exámenes me paralizaba, me van cayendo fichas[11] y
atando conclusiones, que lo que me pasaba en el examen, la
reacción que tenía, era la misma o casi igual a la de esa vida…

---

11   Estableciendo asociaciones

Pero ahora no me va a pasar más. Es una sensación rara, como que me van cayendo fichas en muchas cosas…

MAIL DE ALFREDO (8 de Mayo de 2008)

Le escribo para contarle los avances que he tenido: realmente me ha cambiado la vida.

Ahora estoy caminando mas seguro por la calle, el sudor en mis manos desapareció, fui a dar el examen de conducir y fui totalmente distinto, nada que ver con antes que me sentía paralizado y quería salir corriendo de ahí. El día del examen pude ir sin ningún problema: fui de buen humor, contando chistes… En verdad lo reprobé pero es un caso aparte, por que arranqué con el freno de mano puesto… Pero lo bueno de esto fue mi reacción: yo antes generalmente me sentía avergonzado, me sentía como la peor persona del mundo y andaba como una semana mal, triste… Esta vez lo único que me paso, fue que me calenté con el inspector y estuve una hora molesto. Y despúes tranquilo, sin ninguna preocupación, ya que después lo puedo dar… Eso es algo que al antiguo Alfredo no le hubiera pasado, por que igual se hubiera puesto a llorar en el examen y hubiera estado una semana mal…

Otro cambio que he visto es que me he vuelto mucho mas suelto, sin problemas de decir lo que pienso y todo los días me levanto distinto, con otra cara, mi humor ha mejorado mucho, siento que han cambiado en mí una cantidad de pequeñas cosas que son como pequeños detalles en cuanto a actitudes, formas de pensar, etc. Y que todo esto junto hace un gran cambio: Volví a estudiar idiomas: ya terminé ingles y ahora estoy aprendiendo francés. En agosto comienzo la universidad: cambié de orientación, ahora voy a estudiar derecho internacional.

Le agradezco mucho lo que usted hizo por mí. Siento que he evolucionado y quiero seguir evolucionando.

MAIL DE ALFREDO (20 de Mayo de 2008)

*... Le cuento que di mi examen de conducir y **tengo libreta**.*

CAPITULO III: EXPLICACION DE LA TECNICA

La técnica para las regresiones a vidas pasadas de la Hipnosis Clínica Reparadora es sencilla y fácil de aplicar.

Luego de inducir la hipnosis y de haber disociado el cuerpo del espíritu, decimos: "Ahora, vas a imaginar que tienes frente a ti..." y comenzamos a describir el encuentro con un escenario mágico.

ESCENARIO MÁGICO:

Lo primero que hacemos para hacer una regresión a una vida pasada o a la niñez, es crear un escenario mágico. El escenario utilizado en el ejemplo, el del templo, es el que utilizamos más habitualmente en la actualidad, pero no es el único.

En nuestro caso, hemos usado distintos escenarios mágicos. El escenario que más veces utilizamos antes de éste, es uno que figura en nuestro libro anterior[12]: Es una caverna. Decimos: *"Vas caminando por una playa, junto a montañas, donde hay cavernas. Vas buscando la entrada secreta de una caverna, escondida tras una roca. Cuando la encuentres quiero que me lo avises moviendo este dedo"* Y en ese instante tocamos el dedo índice de una de las manos, generalmente la que está más fácilmente dentro de nuestro campo visual. En esos casos no conviene decir algo como *"moverás el índice de tu mano derecha"* porque eso le genera al paciente el compromiso de tener que identificar cuál es su mano derecha y cuál es el índice. En

---

12 CURSO PRACTICO DE HIPNOSIS Y REGRESIONES A VIDAS PASADAS – Ediciones Natural – Madrid Septiembre 2009

cambio, *"éste dedo"* es una instrucción inequívoca que queda registrada en su memoria somática y que jamás genera confusión. Una vez que mueve el dedo, continuamos: *"Entras en un pequeño pasadizo. Lo recorres y desemboca en una enorme y extraña caverna de color azul. Es la caverna azul del tiempo"*. Y entonces colocamos allí un pasillo con puertas que conducen a las distintas encarnaciones, como en el templo, aunque no existe en este escenario, el anciano.

Durante mucho tiempo pensamos que nuestro primer libro se iba a llamar, precisamente, "La caverna azul del tiempo" que es un nombre atractivo, pero que parece más el de una novela que el de un texto de divulgación, y por eso no lo utilizamos.

¿Por qué elegimos un escenario mágico? Porque vamos a apelar al costado mágico del cerebro de nuestros pacientes. Es por la misma razón que los cuentos de niños suceden en bosques encantados, donde las tortugas le corren carreras a las liebres.

El primer escenario mágico que usamos fue un plato volador. Dijimos: *"Tienes frente a ti una extraña nave suspendida en el aire. De pronto se abre una escotilla, que es una escalera. Subes por ella y entras en un amplio recinto que tiene al fondo una larga mesa, y encima de ella miles de luces parpadeantes. En el centro de esa mesada hay un aparato que marca la fecha de hoy y que tiene a un lado una palanca, y en frente hay una butaca. Te sientas y tiras de esa palanca. Entonces el dial comienza a retroceder: marca la fecha de ayer, de la semana pasada, del mes pasado, y así va retrocediendo cada vez más velozmente hasta que ya no puedes leer los datos. Y tú te das cuenta que en verdad estás yendo hacia atrás en el tiempo. Las luces disminuyen y cuando vuelvan a encenderse será que has llegado al momento del pasado al cual te dirigías..."* Parece sacado de las películas americanas clase "B" de la década del 60, donde las computadoras eran siempre representadas por lucecitas que parpadeaban.

Usamos muchos otros escenarios. Y en los distintos cursos instamos, estimulamos a los alumnos a que creen sus propios escenarios mágicos. ¿Por qué? Para que se adueñen de los mismos. Para que no crean que es imprescindible la caverna o el templo. Para que sepan cómo reaccionar si algo falla.

Muchas veces, cuando el paciente no ve el templo, yo improviso uno nuevo. En un curso, en Punta del Este, llevé a la compañera con la que hacía el ejercicio de demostración a la caverna azul del tiempo y comenzó a agitarse, a dar muestras de angustia. Le pregunté:

¿Le tienes miedo a los espacios cerrados?

Sí —Me respondió.

Entonces vuelve a la playa donde te relajaste. Continúas cami-
*   nando, hasta que, de pronto, ves frente a ti una extraña puerta*
*   suspendida en el aire...*

¿Hace falta algo más mágico que una puerta suspendida en el aire en medio de una playa?

En otro curso, un alumno imaginó que el hipnotizado entraba en una casa llena de cuadros y cada uno de esos cuadros conducía a una vida anterior. En algún curso alguien describió: *"vas flotando en un bote a la deriva y hay muchos islotes. Cada islote es una vida diferente y cuando llegues a la vida donde te diriges el bote se va a quedar en la playa".* El más imaginativo de los escenarios mágicos que recordamos lo creó una compañera que hizo el ejercicio en el curso con su marido ya que ambos lo cursaban y que le dijo: *"Vas a imaginar que estás en una playa. Que se desenrolla una extensa alfombra roja que penetra en el mar. Tú avanzas por esa alfombra hasta llegar a una escalera de 12 escalones. Comienzas a subirla y en el 7° escalón está tu ángel guardián que se quita su capa y te cubre con ella y te dice: Ve tranquilo que mi capa te protege. Continúas subiendo y al final de la escalera hay una puerta abierta. Tú la atraviesas y estás en ese pasado al cual te dirigías"*

Alguna vez usamos, cuando tenemos a alguien a quien le cuesta meterse dentro de la historia la siguiente instrucción: *"Estás junto a un río y divisas un viejo puente de madera... Te acercas a él... Es un puente de 7 escalones de alto y 20 pasos de ancho... Llegas hasta él y apoyas tu mano en la baranda y, en ese momento, desciende una espesa niebla que impide ver nada… Es como cuando un avión entra dentro de una nube… No puedes ver ni siquiera tus propios pies… Pero tú sabes que tiene 7 escalones de alto. Entonces, sin soltar tu mano de la baranda, ve subiéndolos de uno en uno contándolos en voz alta…"* Entonces el paciente dice: "1… 2… 3… 4… 5… 6… 7" Y agregamos: *"Ahora estás en lo alto del puente y la niebla continúa. Entonces comienza a avanzar por él, sin soltar la baranda y contándolos en voz alta".* El paciente cuenta: "1… 2…" hasta 10 y decimos: *"Ahora te detienes. Estás en la mitad del puente. Sientes correr bajo tus pies las aguas del río. Ese río es el RÍO DEL TIEMPO. Cuando termines de cruzar ese puente, estarás en el pasado, en ese pasado que fuiste a buscar…"* Hacemos que cuente nuevamente hasta diez y luego que descienda los siete escalones y le decimos que cuando la niebla se disipe nos avise. La ventaja de este método es que no solamente le hemos descripto una imagen visual sino que lo hemos hecho interactuar dentro de ese escenario, creando en su imaginación cada paso dado.

Debemos cuidarnos que el mismo escenario que hemos creado no contamine la historia. Alguna vez probamos como escenario un tren: *"Entras en el vagón de un tren. Es un pequeño vagón muy elegante y decorado. Tú te sientas y de pronto el tren se pone en marcha, avanzando hacia atrás. Miras por la ventana y todo comienza a moverse cada vez más rápidamente hasta que ya no se puede distinguir nada. Y tú te das cuentas que en realidad estás avanzando hacia atrás… en el tiempo. Las luces del tren disminuyen y se oscurece todo y cuando la luz vuelva a encenderse querrá decir que has llegado al destino, a ese pasado que estamos buscando".* Dejamos rápidamente de utilizarlo cuando descubrimos que la gente no regresaba a pasados anteriores a la existencia del tren. Como si fuera imposible llegar a la antigua Roma viajando en tren. O sea que el escenario puede condicionar el resultado.

Una anécdota graciosa: cuando en los cursos hacemos las rondas donde revisamos los trabajos hechos entre compañeros, les pedimos que, entre otras cosas, informen qué escenarios mágicos usaron. Y en un curso la primera pareja dijo que fue al templo, la segunda pareja también fue al templo. La siguiente también fue al templo. Y la cuarta dijo: *"Como el templo estaba muy ocupado, nosotros fuimos a..."*. Carcajada general...

PUERTAS

En cada escenario hay "puertas" que no necesariamente son tales. Se trata de fronteras imaginarias detrás de la cuales está el pasado. Antes mencioné islotes o cuadros. Y puede ser lo que se nos ocurra: caminos que se bifurcan, espacios iluminados, espejos mágicos, etc.

EL TEMPLO

De la misma manera que al enseñar la inducción de la hipnosis, nos pesa entregar por escrito el parlamento que repetimos habitualmente, porque nuestro mayor temor es que los alumnos, en este caso los lectores, lo apliquen como un mantra, suponiendo que solo esas y no otras palabras conseguirán el resultado deseado. Por eso explicamos detalladamente los fundamentos, para que cada uno se pueda adueñar del proceso y usar esas u otras palabras, alejándose tanto como crean conveniente de la fórmula, aunque teniendo presente el objetivo buscado.

Imaginemos que nuestro paciente se llama ALBERTO.

Una vez separado el cuerpo del espíritu, le decimos:

Quiero que imagines que tienes frente a tus ojos una escalinata...

Una escalinata de mármol que conduce a un templo...

A un viejo templo de gruesas columnas y una pesada puerta de madera...

En lo alto de la escalinata está un anciano... En lo alto de la escalinata está un anciano de barba blanca y hábito largo hasta el piso. Tú vas a poder hablar sin salir de la hipnosis. Cuánto más hables, más profundamente vas a entrar en hipnosis. ¿De qué color es el hábito del anciano?

Erickson usaba mucho este sistema denominado "Preguntas indirectas". A nosotros, en realidad, no nos interesa el color de la vestimenta del anciano. Lo que queremos saber es si lo está viendo. O, hablando con más propiedad, si ha podido crear ya en su imaginación el anciano que acabamos de describir.

Alguna vez nos ha pasado que hay gente que ve el templo y no ve el anciano. En ese caso, seguimos sin el personaje.

(Respuesta) xxx

Bien... El anciano te sonríe, te tiende su mano y te dice: Bienvenido ALBERTO Te estaba esperando...

En este caso le tocamos la mano cuando decimos que el anciano lo hace. Ya hemos hablado de la importancia que tiene en esta terapia el contacto físico con el paciente. Y decir "Bienvenido" y nombrar al paciente es muy importante: da mucha tranquilidad, siente que llegó a un lugar donde lo estaban esperando y que es seguro.

Y entra contigo dentro del templo...Una vez dentro, te dice: Este es el TEMPLO DEL TIEMPO. Éste es el sitio donde se cruzan las coordenadas de tiempo y espacio. Aquí, es donde el futuro se convierte en el presente, y el presente se convierte en el pasado...

En este momento nos alejamos un poco y cambiamos el tono de la voz, elevándolo un poco, para facilitar en la imaginación del paciente la sensación de espacio, de amplitud. Esto es, si se quiere, una técnica teatral. Y no está mal que sepamos que si estamos trabajando con la voz, con un paciente que tiene sus ojos cerrados, son válidos los recursos desarrollados en ese arte: los silencios, la respiración, la intencionalidad.

¿Cómo es el Templo? ¿Grande? ¿Pequeño? ¿Luminoso? ¿Oscuro? *(Respuesta) xxx*

El objetivo de esta pregunta es el mismo que el de la anterior: saber si el paciente ha podido construir un templo en su imaginación.

> *Bien... El anciano te conduce hacia un pasillo. Es un extraño pasillo con muchas puertas de distintos colores...*
>
> *Y el anciano te dice:*
>
> *"Este es el pasillo de tus vidas... Detrás de cada una de esas puertas están los recuerdos de tus distintas encarnaciones... Detrás de la puerta blanca"... - Y en ese momento tú percibes que una de las puertas es blanca - "Detrás de la puerta blanca están todos los recuerdos de esta vida. Todo lo que te aconteció dentro de la piel de ALBERTO, desde que estuviste en el vientre materno, hasta este mismo instante, está detrás de la puerta blanca"...*
>
> *"Detrás de las otras puertas están los recuerdos de tus vidas anteriores... De vidas que viviste dentro de otros cuerpos, con otras caras y con otros nombres"...*

Y en este momento emitimos una consigna terapéutica. Cuando el paciente se dirige a nosotros "para hacer una regresión", o sea, cuando no hay un objetivo definido, decimos algo así como:

> *Dentro de unos instantes vas a atravesar una de esas puertas y vas a entrar en el pasado... Pero este no va a ser un paseo... Esto no va a ser un juego... No vas a entrar en el pasado por pura curiosidad... Tu mente no consciente va a elegir un pasado en particular donde ocurrieron cosas, cosas que están íntimamente vinculadas con algún problema de tu vida actual... Y poder*

recordar, y poder revivir esas cosas, te va a permitir entender y te va a permitir solucionar ese problema de tu vida actual".

La emisión de una consigna terapéutica es muy importante en la Hipnosis Clínica Reparadora. Enseguida vamos a hablar especialmente de ella.

No voy a ser yo quien elija qué puerta debes atravesar. Va a ser tu mente no consciente la que elija. Yo voy a contar desde 1 hasta 5 y tu mente no consciente va a iluminar la puerta elegida. Si elige la puerta blanca vamos a retroceder en esta vida. Y si elige una puerta de color vamos a visitar esa vida en particular...
1, 2, 3, 4, 5... ¿Qué puerta se iluminó?...

Esta forma de hablar, de enunciar lo que va a suceder es muy importante. No dijimos: *"elige una puerta"*, decimos *"se va a iluminar la puerta elegida"*. Si el paciente nos dijera *"Yo no sé cuál puerta elegir"*, le diríamos *"Tú no tienes nada que elegir, tu mente no consciente es la que va a elegir. Tú solamente dime cuál se iluminó"*.

Lo que hacemos es correr el eje de decisión de la parte consciente a la no consciente. No le debemos pedir ningún acto volitivo. Ya hemos hablado con la parte consciente de nuestro paciente antes de la hipnosis. Ahora lo que intentamos es lograr que respondan a nuestros requerimientos las distintas capas no conscientes de él. Y hablamos de capas, porque no hay un solo inconsciente y, a medida que logremos ir levantando censuras y represiones, comenzará a aparecer información distinta. No pensemos en términos de blanco o negro, de conciencia-inconsciencia, pensemos en procesos de profundización a medida que esa censura y esas represiones se van levantando.

Esto se verá con mayor claridad en las regresiones a la niñez, cuando avanzando en la hipnosis o en una segunda o tercera sesión aparecen datos nuevos que el paciente desconocía antes, como si nos hubiéramos acercado al tesoro escondido cavando lentamente en su interior.

CONSIGNA TERAPEUTICA

Al emitir la consigna, premeditadamente, estamos limitando el trabajo. Somos terapeutas y nuestro interés no es investigar ni probar las vidas anteriores. Estamos dando terapia, lo que nos interesa es que nuestro paciente salga de la consulta mejor que cuando entró. Por eso es que no nos interesa cualquier vida: nos interesa *sólo una vida en particular* que esté vinculada con un problema de su vida actual. Y no por curiosidad, sino para esclarecerlo y resolverlo.

La consigna es la que delimita entonces el alcance del trabajo. Una consigna terapéutica hace que lo que obtengamos sea siempre terapéutico.

¿Por qué? ¿Podemos acaso con hipnosis obligar a hacer o decir algo al inconsciente de nuestro paciente?

Por supuesto que no. Pero a su vez también es cierto que, si bien su mente no consciente puede negarse, lo que no puede hacer es cambiarnos los términos de nuestra propuesta. Es como si lo hubiéramos invitado a jugar dominó. El inconsciente puede negarse, pero lo que no puede hacer es jugarnos al ajedrez.

Por esa razón a veces el paciente ve el templo, ve el anciano, ve las puertas pero cuando se abren... no ve nada. Es que su inconsciente nos está diciendo: *"No, no quiero jugar este juego..."* Lo volveremos a analizar en detalle más adelante.

La consigna descripta es aplicable a un paciente que vino a hacerse una regresión a una vida pasada, donde no hay un objetivo definido. Pero cuando el síntoma que deseamos trabajar está identificado, orientamos la consigna hacia ese síntoma. Recordemos que a Alfredo le dijimos:

"Pero este no va a ser un paseo, esto no va a ser turismo: vas a entrar en el pasado para encontrar la raíz y la solución a tu problema, a éste problema que se manifiesta impidiéndote dar examen, pero que también se manifiesta haciendo que tengas

pocos amigos, haciendo que no vayas a visitar a los amigos que tenés, haciendo que te asusten las chicas…"

O sea, la consigna se emite de acuerdo a lo que nosotros queremos pedirle al inconsciente.

ABRIENDO PUERTAS

"1, 2, 3, 4, 5… ¿Qué puerta se iluminó?"
Azul (O cualquier otro color que no sea Blanco)

Lo lógico sería que si acabamos de colocar a nuestro paciente frente a una puerta, le pidamos ahora que la abra. ¿No es cierto?

Sin embargo nunca damos de esa manera la instrucción, porque ahí se juegan todas las resistencias del paciente, quien dice muchas veces: *"No puedo abrirla"*, *"No tiene picaporte"*, *"Está cerrada con llave"*, *"Está trabada"*, etc.

Por eso, pese a que las acabamos de mencionar como "puertas" a las salidas hacia las distintas vidas, obviamos ese problema diciendo:
Cuento desde 1 hasta 5 y estamos del otro lado…

CONTAR DESDE UNO HASTA CINCO

Contar desde 1 hasta 5 es muy importante. Porque, desde el principio nos ubica en el rol de director de la película, en los patrones de la escena.

Contar desde 1 hasta 5 significa: *"Luz, cámara, acción… ¡Corten!"*

Además cuando se cuenta, se debe contar también táctilmente: Ejercer pequeñas presiones sobre el brazo de nuestro paciente, o en su cabeza, o en su mano, creando así un doble registro: uno auditivo y otro kinestésico.

¿Por qué?

Esto está relacionado por lo que ya dijimos acerca de que "hipnotizar es *peligrosamente* fácil".

Lo que queremos transmitir en estos párrafos no es para intimidar a nadie que pretenda comenzar a hacer este tipo de regresiones, sino, al contrario, para darles la seguridad de que no perjudicarán a su paciente. Es semejante a cuando en un avión le explican al pasajero donde están los chalecos salvavidas, para saber cómo actuar en una emergencia.

¿A quien no es recomendable hacerle una hipnosis regresiva? A aquellas personas que han tenido brotes esquizofrénicos o delirios persecutorios, salvo que lo hagamos de manera coordinada con el psiquiatra que lo atiende y por una razón determinada. Porque corremos el riesgo de desatarle un episodio similar. La hipnosis, lo que intenta provocar son episodios de alucinosis y no de alucinación. Estamos en alucinosis cuando nuestra mente se sitúa en otro escenario sin perder el contacto con la realidad, por ejemplo, cuando nos emocionamos o asustamos viendo un film, al mismo tiempo que una parte de nuestro cerebro sabe que el asesino serial no nos va a matar porque estamos en la butaca de un cine y no dentro de la película. El que alucina, en cambio, está íntegramente insertado en la otra realidad que su mente ha creado. Y en estos pacientes, lo que arriesgamos es la posibilidad de hacerlos alucinar nuevamente.

Por eso, hacerles una regresión hipnótica a personas con esos antecedentes es peligroso como lo es jugar con fuego donde hay inflamables. Pero a veces es necesario, aún así, tratar con fuego en esos lugares peligrosos. En tales casos es preciso tomar precauciones: Por ejemplo, yo lo podría hacer de común acuerdo con su psiquiatra si él lo solicita y si está prevista la contención necesaria en caso de que la persona tenga un nuevo brote.

Pero ¿Qué sucede cuando desconocemos ese antecedente de nuestro paciente? ¿O cuando se trata de un "border line" o fronterizo, o sea una persona con una estructura latente que puede estallar inadvertidamente en cualquier momento?

Es en esos casos, que tener instalado el *"1, 2, 3, 4, 5..."* desde un comienzo nos va a permitir manejar la situación. Una analogía para explicarnos mejor: En los sitios donde los ríos y lagunas se hielan, la gente patina sobre ellos. Pero lo primero que aprende alguien que pretende patinar y más todavía en hielos desconocidos, es estar siempre alerta a los crujidos. Porque sabe que cuando el hielo cruje, es que está por quebrarse y dispone de fracciones de segundo para no caer en las aguas heladas. ¿Cuál es el equivalente en nuestro caso? ¿Cuál es el crujido frente al cual debemos estar alertas?

Imaginemos que estamos con un paciente en regresión. Contamos desde uno hasta cinco y entra en una escena donde está sufriendo, por ejemplo, lo están torturando. Lo escuchamos y luego le volvemos a contar desde uno hasta cinco para disociarlo y que continúe viendo lo que sucede desde otro plano, sin dolor, o para llevarlo a un momento anterior o para llevarlo a otro posterior... Lo que estamos buscando es quitarlo de ese lugar y que deje de sufrir. Pero nuestro paciente parece no habernos escuchado porque continúa en esa escena. Repetimos la instrucción por las dudas no haya sido comprendida la consigna y el paciente, nuevamente, no se mueve de ese lugar. El hielo ha crujido. Hasta aquí, el paciente entró en esa escena llevado de nuestra mano, siguiendo nuestra guía, pero...

Pero quizás hemos llegado sin buscarlo a una pesadilla interna y hemos comenzado a perderlo. En esos casos repetimos la instrucción pero ya con carácter de orden, elevando un tanto la voz y aumentando la presión de los dedos. Le ordenamos entonces que al contar cinco saldrá de allí. Lo importante es no permitir que avance más en su pesadilla propia, para no perderlo. Y se logra porque la llegada a ese lugar no fue espontánea y, precisamente, porque ya desde el principio hemos asumido el papel de director que nos a permitir sacarlo de allí.

Esto que acabamos de relatar no es usual, sobre todo si uno toma la precaución de negarse a atender a pacientes con antecedentes: en mi larga carrera profesional sobran los dedos de una mano para contar los casos semejantes que he tenido que enfrentar. También en estos casos es importante el registro somático porque el paciente puede agitarse y gritar y dejar de escucharnos, perdiendo así contacto auditivo con nosotros, pero nunca con nuestra mano que lo acompaña y también le transmite nuestra voluntad.

La clave, para decirlo de otra manera, es que la instalación desde el comienzo del *"1, 2, 3, 4, 5"* deja en nuestras manos el control del proceso.

Es por eso que si nuestro paciente ya se ha puesto solo en regresión, por ejemplo: apenas al relajarlo comienza a decirnos que está caminando por una ciudad extraña, etc., no debemos entusiasmarnos: Debemos *interrumpir* el fluir del relato, incluso retrocederlo si es necesario e *instalar la consigna terapéutica* y tomar el mando con el *"1, 2, 3, 4, 5"* antes de que avance, para no tener una *"regresión salvaje"* que puede resultar muy atractiva para quien desee acercar una prueba al tema de la reencarnación, pero que seguramente será de poca utilidad terapéutica, cuando no peligrosa, sirviendo eventualmente para agregarle aún más confusión al paciente.

ESCENARIO

Las preguntas que hacemos a continuación guardan un determinado orden. Son:

¿Es de día o es de noche?
¿Estás a la intemperie o en un sitio cubierto?
¿Es el campo o la ciudad?

Estas preguntas son tendientes a la creación o evocación de un escenario. Nos debe tener sin cuidado si lo que está relatando el paciente, lo está recordando, creando o fabulando. Inclusive, si vemos que vacila diciendo, por ejemplo: *"Pero esto no sé si lo estoy imaginando"* debemos alentarlo a que continúe haciéndolo como lo está haciendo. Así como la consigna en el psicoanálisis es la de decir *"lo primero que surja, sin cuestionarlo"*, muchas veces pactamos con el paciente que no se preocupe por indagar si lo que relata es evocación o fábula, *"que deje fluir la historia y al concluir la regresión, recién entonces, veremos y analizaremos en conjunto la índole de las imágenes"*.

La primera pregunta corresponde porque el paciente lo primero que registra es si hay luz u oscuridad.

La segunda es porque eleva imaginariamente su vista hacia arriba y percibe si ve el cielo o un techo.

Y la tercera, porque, finalmente, mira en derredor y nos describe el paisaje donde se halla.

PERSONAJE

Las siguientes preguntas son:
¿Eres hombre o mujer?
Descríbete: ¿Cómo eres? ¿Alto, bajo, rubio, moreno?
¿Cómo te llamas?

Lo que intentamos es ayudar a crear un personaje. Primero le pedimos que le asigne un sexo. En este caso imaginemos que nos ha dicho *"Mujer"*. Luego que lo construya desde afuera. Y luego que nos diga su nombre. Supongamos que nos diga "No sé" ¿Cómo continuaría el diálogo?

No sé.
*Métete dentro de ti y **busca** un nombre.*
No sé.

> *Elige un nombre para el personaje. Luego, si aparece otro, lo cambiamos.*
>
> *No sé.*
>
> *Yo te voy a llamar "Marion". Luego, si aparece otro. Lo cambiamos.*

¿Por qué razón nos hemos puestos tan obsesivos con el nombre?

Porque, en realidad, no nos interesa tanto cómo *"se llama"* el personaje, sino como *"llamarlo"*.

Pensémoslo así. Tenemos un paciente que está disociado. Una parte de él es ALBERTO, nuestro paciente, que vive en el momento actual y que ha venido a una consulta. La otra parte es una mujer alta, muy delgada, de pelo largo y vestida de largo. Y necesitamos tener una manera de dirigirnos a esa parte de nuestro paciente. Por eso, luego de identificar un nombre con el cual llamarla, a partir de ese momento cada vez que le hablamos, la nombramos: *"Donde estás Marion? ¿Cuántos años tienes Marion?"* Es como si le dijéramos *"No es contigo Alberto, tú hazte a un lado que estoy hablando con Marion"*. Con cada frase lo metemos así más adentro del personaje.

La próxima instrucción es:

> *Bien... Vamos entonces a recorrer la vida de Marion desde el comienzo hasta el final, hasta atravesar su propia muerte, la muerte de Marion. Vamos a recuperar los eventos principales de su vida, aquellos que ligan su vida con la de Alberto. Cuento desde 1 hasta 5 y nos vamos al primero de los recuerdos importantes: 1, 2, 3, 4, 5... ¿Dónde estás Marion? ¿Cuántos años tienes?*

Lo que hacemos con esta instrucción es avisarle al inconsciente del paciente: *"Si estás evocando una historia, o la estás fabricando, esa historia deberá incluir la muerte del personaje"*

Porque a nosotros, no solo no nos preocupa que la respuesta a nuestra consigna provenga desde el sitio de las fantasías, sino que al contrario, si está fabricando para nosotros esa historia, le vamos a facilitar su construcción.

Pensémoslo así: le hemos pedido a la mente no consciente de nuestro paciente que evoque (o fabrique) una historia que le permita entender y sanar sus problemas. Y cualquiera sea el relato que aparezca en respuesta a nuestra demanda, será sanador. Si el propio inconsciente de él se ha tomado la tarea de revivir una historia que explique sus problemas, con la intención manifiesta de sanarlos, es que hemos tenido éxito. Porque si no es una verdadera evocación de sucesos acaecidos antes del nacimiento, se trataría de una construcción onírica a la manera de los sueños que fue creada para responder a nuestra demanda de sanación y, por supuesto, ese será el resultado...

LA HISTORIA

Ahora entonces, ayudamos a que la historia fluya. Decimos:
> *Voy a contar desde 1 hasta 5 y va a aparecer el primero de los recuerdos importantes... 1, 2, 3, 4, 5... ¿Dónde estás? ¿Cuántos años tienes?*
>
> *Voy a contar desde 1 hasta 5 y vamos a ir al siguiente de los recuerdos (o los sucesos, o los eventos) importantes...*
>
> *Voy a contar desde 1 hasta 5 y vamos a ir al siguiente de los eventos importantes... Etc.*

Seguimos haciendo avanzar la historia hasta llegar a la muerte del personaje. A veces el paciente nos dice *"Ya me morí"* y en ese caso le decimos que retrocedamos un poco:
> *Voy a contar desde 1 hasta 5 y vas a entrar en Marion en los instantes previos a la muerte...*

Es importante que nuestro paciente atraviese la muerte del personaje, por dos razones: 1) por que así se perderá o disminuirá su miedo a la muerte. *"Si yo ya he muerto una vez y ahora puedo recordarlo, es que la muerte no es eso que yo temía"*. 2) Si la reconstrucción es vívida, tanto mejor, porque aparecerán muchas veces el miedo, la angustia y el dolor; pero cuando el paciente atraviese la muerte, cesarán precisamente todos esos síntomas: cuando muera desaparecerán ese dolor, esa angustia y ese miedo.

Ya hemos hablado del tocar. Por supuesto que es imprescindible acompañarlo y sostenerlo con nuestro contacto cuando está por atravesar imaginariamente su muerte: nuestra mano apoyada en su brazo le está creando un reaseguro de que, por más vívida que sea la escena, él está aquí, junto a nosotros, en el consultorio.

A veces es necesario remarcar:*"Quiero que permanezcas dentro de Marion, y que mueras con ella, que atravieses su muerte"*.

Lo que no es preciso es que reviva toda una agonía que a veces ha sido muy larga y penosa. Le permitimos entonces que experimente un poco de la misma —porque a veces hay síntomas y temores de esta vida que están precisamente vinculados con esa agonía y con esta reviviscencia se eliminan— pero enseguida le decimos:

> *Cuento hasta cinco y vas a separarte y vas a continuar filmándolo como si fueras una cámara filmadora y vas a volver a entrar en Marion en el instante preciso en que muere...*
> *1, 2, 3, 4, 5...*
> *¿Ya moriste?*
> *¿Puedes verte?*

Poder construir una imagen visual de sí mismo muerto, le facilita al paciente el proceso posterior de despegarse del personaje.

SERES DE LUZ

Continuamos diciendo:

Ahora tu espíritu se eleva… Y llegas a un sitio donde hay seres de luz… Hay uno en particular que mira por ti

Todos tenemos un ser de luz que mira por nosotros: Llámalo "Ángel de la guarda", "Espíritu guía", "Maestro", como quieras…

Y abrimos todos los registros:

Quizás lo veas… Quizás lo escuches… Quizás lo sientas… Quizás lo imagines…

Cuando estés frente a él, quiero que me avises, porque deseo hacerle dos preguntas…

Cuando el paciente nos avisa, no le preguntamos cómo es el ser de luz: si lo ve o lo imagina, si tiene o no alas. Si el paciente elige contarlo, está bien. Pero no lo interrogamos, porque no nos interesa indagar el imaginario del paciente. Lo que nos interesa es lo que viene a continuación.

LA MORALEJA

A partir de esta pregunta, debemos *registrar literalmente* sus respuestas.

La primera pregunta que deseo hacerle a tu ser de luz es: "¿Cuál era la lección de vida que tenia Marion para aprender en esa encarnación?"

Esta pregunta es, en sí, toda una mini terapia muy fina, cuyos efectos no pensamos verificar pero que seguramente acontecerán. Seguramente, esta es la primera vez que el paciente habrá pensado en el sentido de la vida desde *después de muerto* e intentamos que luego, pueda hacer lo mismo con su vida actual.

Por ejemplo: Supongamos que nuestro paciente ha venido quejándose de que lo abandonan: sus padres lo abandonaron, sus amigos lo abandonan, su mujer y sus hijos lo abandonan... Y tiene una regresión a una vida donde el tema principal es "el dolor": nace, crece, vive y muere con mucho dolor... Y cuando le preguntamos sobre qué vino a aprender, la respuesta será seguramente: *"A conocer el dolor"* o *"A entender el dolor"*, etc. O sea, esta será seguramente la primera vez en que descubra que aquello que se nos repite una y otra vez, está vinculado, precisamente, con lo que hemos venido a aprender.

Por eso confiamos que la próxima vez que sufra un abandono, lo contemple como lo que vino a aprender y no como un capricho del destino. Y se haga a sí mismo las preguntas que le permitan crecer a partir de sus experiencias.

La siguiente pregunta es: "¿De qué le va a servir a Alberto, haber revivido hoy esta vida de Marion?

Esta pregunta cierra, de alguna manera, el ciclo que abrimos con la consigna. Le pedimos entonces a la mente no consciente de nuestro paciente que evocara una historia en particular, no cualquiera, una historia que le ayudara a entender y a sanar un problema de su vida actual. Y ahora, lo que estamos haciendo es preguntarle, a través del ser de luz: *"¿Para qué te tomaste el trabajo de evocar (o fabricar) esta historia?"*

Y ahora nos dirigimos directamente a Marion, al personaje del pasado:

Y finalmente, antes de que te vayas, Marion, quiero pedirte que me des un mensaje para Alberto, para este que tú misma vas a ser dentro de muchos años...

Es importante tomar nota textual del mensaje. Si habla muy rápidamente, le decimos: *"Por favor, ve más despacio, que lo estoy anotando..."*

Las dos preguntas al ser de luz más el mensaje del personaje que fue dirigido a nuestro paciente, es lo que llamamos "la moraleja".

Y esta moraleja, terapéuticamente hablando es... ¡Dinamita!

Veamos un ejemplo tomado de la realidad: Hace algunos años atendimos en New Jersey, USA, a una joven mexicana de 19 años, que tenía los males propios del desarraigo: Casi no salía, tenía muy pocas amigas, no aceptaba salir con muchachos. Puesta en regresión, volvió a una vida donde sufría su soledad. Con una infancia, una juventud y una madurez marcados por la soledad, pero una soledad fea. Porque se puede estar en soledad y estar muy bien. Pero en este caso no era así, la sufría mucho y así moría, sola y mal.

Cuando le pedimos un mensaje para nuestra paciente, el mismo fue: *"No te quedes sola. La soledad es una porquería. Sal. Vive. Ten amigas y amigos. Ten novios, Enamórate. Pero sobre todo, no te quedes sola"*

Ahora bien, ¿En qué se diferenciaba este mensaje, de lo que le decía su madre, sus tías, su psicólogo, todo el mundo? La diferencia estaba en el origen. Ese mensaje había venido desde lo más profundo de su ser y no podía, en consecuencia, ser desoído. Pero para que ese mensaje tuviera ese valor diferencial debía ser textual. Porque si nosotros se lo reenunciábamos, si lo decíamos con *nuestras* palabras, volvía a convertirse en *nuestro* mensaje y no en el de su propio interior.

Por esta razón es que al concluir la terapia, le facilitamos al paciente una ficha y le dictamos el texto registrado, para que lo escriba con su propia letra. Y le pedimos que lo firme con el nombre del personaje del pasado (sería Marion en el ejemplo) y a veces hasta le pedimos que lo coloque en su casa en un marco o en cualquier lugar frente a sus ojos, para no olvidarlo.

FINALIZACION

Cuando el paciente ha recibido ya su mensaje, le decimos:

El anciano te acompaña hasta la entrada del templo y te dice: "A partir de este momento, nada va a volver a ser igual en tu vida. Por que ahora tú sabes que (la conclusión alcanzada)… Porque has recibido un mensaje muy importante que te dice que (el mensaje recibido)… etc.".

Lo que estamos haciendo ahora es un inventario provisorio de los cambios que nosotros *esperamos obtener* con esta regresión. El paciente está en hipnosis y este primer balance es muy importante porque facilita precisamente que se concrete el cambio que estamos prediciendo.

A este templo vas a poder regresar siempre que lo desees, porque este templo está dentro tuyo.

Ahora voy a contar desde 1 hasta 5 y vas a volver a entrar dentro de tu cuerpo. Dentro de ese cuerpo que quedó, duro y pesado, en el sillón.

1, 2, 3, 4, 5…

Y continuamos con las instrucciones de deshipnotización que se vieron en la Primera parte.

RECAPITULACION

- Ponemos al paciente en hipnosis, hasta la disociación imaginaria cuerpo-espíritu
- Le describimos un escenario mágico.
- En él colocamos "puertas", fronteras imaginarias tras las cuales están las distintas encarnaciones.

- Desde el primer momento hacemos avanzar la historia contando desde 1 hasta 5, agregando a la cuenta verbal un registro somático, ejerciendo una pequeña presión con los dedos.
- Emitimos una consigna terapéutica limitando así el trabajo: no entramos en el pasado porque sí, sino para encontrar el esclarecimiento y solución a algún problema actual.
- Pedimos que sea la mente no consciente la que elija la puerta a atravesar iluminándola o señalándola.
- Damos la instrucción de entrar al pasado: Obviamos la figura de "abrir la puerta" para eliminar las resistencias.
- Formulamos preguntas en un determinado orden:
- Para crear un ESCENARIO:
  ¿Es de día o es de noche?
  ¿Estás a la intemperie o en un sitio abierto?
  ¿Es el campo o la ciudad?
- Para definir al PERSONAJE:
  ¿Eres hombre o mujer?
  Descríbete por fuera
- Para determinar su NOMBRE:
  ¿Cómo te llamas?
  Si no sabe: Busca dentro tuyo un nombre…
  Si no sabe: Elige un nombre. Luego, si aparece otro nombre, lo cambiamos.
  Si no sabe: Yo te llamaré MARION (por ejemplo) Luego, si aparece otro nombre, lo cambiamos.
- Damos una instrucción para la formación de la historia, avisándole a la mente no consciente del paciente que ese relato deberá incluir la muerte del personaje.
- HISTORIA: Ahora hacemos avanzar la historia de evento importante en evento importante hasta llegar a los momentos previos a la muerte del personaje.
- MUERTE. Queremos que con nuestra contención, el paciente reviva la muerte del personaje y que antes de despedirse del

todo de ese cuerpo, se contemple ya cadáver, para facilitar la separación posterior del mismo.

- SER DE LUZ Le sugerimos que busque al ser de luz que supuestamente todos tenemos, abriendo todos los registros: Ver, sentir, oír, imaginar
- Buscamos la MORALEJA de la historia con dos preguntas y un mensaje:
- ¿Cual fue la lección de vida que tuvo Marion (nombre del personaje del pasado) para aprender en esa vida?
- ¿De qué le va a servir a nuestro paciente haber revivido esta vida de Marion?
- Finalmente, le pedimos a Marion, al personaje del pasado, un mensaje para nuestro paciente
- Al irse del templo, el anciano hace un primer inventario provisorio, prediciendo los cambios que esperamos obtener con esta regresión.

ANALISIS DEL "CASO ALFREDO"

Como se trata de un caso real, donde además de la regresión a la vida anterior, hemos usado otros recursos: regresión a la vida actual, cambio de una decisión infantil, autoprotección y proyección al futuro, vamos a postergar el comentario de este caso para cerca del final del libro, cuando ya hayamos hablado acerca más de la HCR como un todo.

En todo caso, este es un buen ejemplo de la aplicación que le damos en la práctica a las regresiones a vidas pasadas, no necesariamente de una manera "pura", sino integrándolas con el resto de nuestras herramientas, según las necesidades del paciente.

CUARTA PARTE: REGRESIONES A LA NIÑEZ Y REPARACION DE TRAUMAS DE LA INFANCIA

CAPITULO I: REGRESIONES A LA NIÑEZ

UN CASO REAL

Ya dijimos que en los cursos intensivos de tres días donde hemos formado a centenares de terapeutas en esta particular manera de hacer terapia, antes de explicar la técnica, hacemos una regresión a un alumno. Lo que deseamos es que la mirada de los asistentes sea inocente, que no esté contaminada por conceptos teóricos.

En www.hipnosisclinicareparadora.com/dvdlibro puede hallar la filmación de "El caso MARIA A.", una regresión a la niñez efectuada, precisamente, en uno de esos cursos. Y nos permitimos solicitarle al lector que, si aún no lo ha hecho, suspenda la lectura aquí y contemple ahora esa grabación.

DANDO A LUZ...

Vamos a repasar lo visto sobre regresiones a vidas pasadas, para poder integrarlo con las regresiones a la niñez.

Una persona llega a nuestra consulta con un problema o con un síntoma. Nosotros no tenemos una teoría específica sobre cada síntoma en particular, aunque podamos tener alguna sospecha producto de nuestras experiencias clínicas. Pero lo que creemos en la HCR es que dentro del paciente está toda la información necesaria. Que si se lo preguntamos adecuadamente nos lo dirá y que, juntos, podremos hallarle la solución.

Hacemos la historia clínica y, a través de la conversación, establecemos el rapport mínimo necesario e imprescindible para nuestro trabajo. Nos toca entonces la tarea hipnótica.

Recostamos a nuestro paciente en un ambiente confortable, ponemos música suave, luz tenue y, salvo que haga calor, proveemos alguna cobija, manta o frazada ligera, previendo la baja de la temperatura corporal que se producirá durante el trabajo.

Luego inducimos la hipnosis: hay muchas maneras de lograr este fenómeno y la mejor será siempre la técnica que mejor dominemos. En nuestro caso la inducción concluye, como ya lo explicamos, con la disociación imaginaria del cuerpo y el espíritu, aunque repetimos que esto no es imprescindible.

Describimos ahora un escenario mágico y en ese lugar imaginario, introducimos puertas, fronteras, tras las cuales decimos que están los recuerdos de las distintas encarnaciones de nuestro paciente.

Y en ese momento damos uno de los pasos más importantes para lograr el resultado que deseamos: emitimos una consigna terapéutica. Le decimos al paciente que vamos a entrar en el pasado, pero no porque sí, por curiosidad. Que entraremos para encontrar el origen y la explicación de su problema, y que eso nos va a permitir solucionarlo o nos va a agregar herramientas para mitigarlo. Más adelante, en este mismo capítulo, volveremos sobre el tema del *objetivo terapéutico*.

Agregamos que no seremos nosotros quienes decidamos cual es la puerta a atravesar, que será la mente no consciente. Que nosotros contaremos hasta cinco y se iluminará la puerta elegida... *"Uno, dos, tres, cuatro, cinco... ¿Qué puerta se iluminó?"*

Lo que buscamos es permitir que sea el inconsciente del paciente el que elija de qué manera quiere "hablar" de su problema. A veces, como en el "caso ALFREDO", no dudamos que el problema que estamos enfrentando, provino realmente de experiencias sufridas en vidas anteriores. Pero otras veces, muchas, como en el caso de nuestra paciente de Nueva Jersey, lo que hace su mente no consciente es acercarse *simbólicamente* al problema, logrando de todas maneras poner en marcha sus defensas, reforzando así las estructuras del *yo* para sanar.

Hemos dicho que generalmente describimos la puerta que conduce a esta vida de color blanco y las de las vidas anteriores como de color. Imaginemos entonces que ha elegido una puerta de color.

En ese caso, contamos de uno a cinco para que la atraviese, y luego hacemos preguntas orientadas a la creación, primero de un escenario y luego de un personaje al que le encontraremos o asignaremos un nombre, para facilitar la disociación de nuestro paciente.

Una vez que le hemos avisado al inconsciente que la historia deberá llegar hasta la muerte y aún después, comenzamos a hacer preguntas tendientes a la creación o evocación de una historia. Finalmente, hacemos que el paciente reviva la muerte del personaje y entonces le pedimos que se eleve, hacia un lugar donde hay seres de luz, uno de los cuales lo ha mirado en particular desde siempre.

Ya frente a él, lo ayudamos a encontrar la moraleja que surge del trabajo realizado. Le preguntamos a través del ser de luz, sobre el aprendizaje buscado en esa encarnación y sobre los beneficios que alcanzará nuestro paciente con esta regresión, cuando el objetivo inicial no estaba claramente definido. O, cuando el problema estaba identificado, le pedimos la confirmación de que esta historia evocada servirá para su desaparición o atenuación.

Y finalmente, pedimos al personaje del pasado, que nos entregue un mensaje para nuestro paciente. Y en este mensaje que le entregamos por escrito, están presentes los mejores estímulos de sanación, provenientes de sus partes interiores más sanas y con más recursos.

Muchas veces, como pasó en el caso ALFREDO, esta sola sesión permite el esclarecimiento y hasta la solución del problema, aunque convenga continuarla por algunas sesiones más, las que probablemente sean sin hipnosis, y donde se incorporarán todas las asociaciones que surjan fuera del consultorio y donde, también es posible que aparezcan nuevas situaciones a enfrentar, situaciones que han quedado al descubierto ahora que el motivo original de la consulta quedó resuelto.

Pero, analicémoslo: En esta regresión a una vida pasada ¿Quién ha hecho, de verdad, la terapia? ¿Nosotros?

La terapia ha sido hecha por el paciente, por las partes más sanas de nuestro paciente. Nosotros solamente hemos sido parteros, hemos ayudado a alumbrar esa historia, se trate de una evocación o de una construcción. No estamos minimizando nuestro aporte, que no ha sido poco. Al contrario. Hemos creado las condiciones para que esto suceda.

Y también dejamos constancia que, como en los partos que hemos usado de metáfora, muchas veces el proceso no fluye adecuadamente y nuestra intervención es aún más decisiva.

QUE HAY DETRÁS DE LA PUERTA BLANCA

Pero las cosas son completamente distintas, cuando queda elegida la puerta que conduce a esta vida.

Aquí no hay un guión a seguir, con introducción, desarrollo y final previsto. Hay algunas pautas de trabajo que detallaremos enseguida, pero se trata de *terapia*, donde tendremos que hacer uso de todos nuestros recursos. Por eso es muy importante que el lector *comprenda* el proceso, qué significa *estar en regresión* y porqué y de qué manera nuestras intervenciones pueden reparar los daños y modificar una vida para siempre.

RECUERDO CERO

Nuestra primera instrucción es:

Cuando cuente cinco, vas a volver a un día de tu infancia... Pero vas a volver a un día cualquiera... Donde no está ocurriendo nada especialmente bueno o especialmente malo... Uno, dos, tres, cuatro, cinco... ¿Dónde estás? ¿Cuántos años tienes?...

Y en el mismo momento en que el paciente nos responde: *"Estoy en mi pieza, jugando con las muñecas"* o *"Estoy en tal lugar, haciendo tal cosa..."*, es que **está en regresión**.

Durante toda la vida, todo el mundo se conduce siempre desde el momento presente. El pasado, aparentemente, ha desaparecido junto con las emociones vividas o sufridas y lo único que es posible hacer es evocarlas mirando hacia atrás, aunque lo que aparezca sea solo la sombra de lo que verdaderamente nos tocó vivir.

Pero acabamos de descubrir que esas emociones fuertes que sentimos entonces no desaparecieron, no se evaporaron en el tiempo. Acabamos de descubrir que existe un arcón donde estaban escondidas aunque alcanzables. Que, aunque lo ignoráramos, existe una MEMORIA EMOCIONAL. Y la llave que permite abrir ese baúl secreto, generando esa tormenta de sentimientos que se pudo contemplar en María A., ese vendaval de emociones donde los secretos se develan, las promesas interiores prescriben y los castigos autoimpuestos se pueden declarar cumplidos o nulos; la llave, repetimos, es esta sencilla frase: *"¿Dónde estás? ¿Cuántos años tienes?"*

Porque cuando una persona habla del pasado, conjugando en presente, *está en regresión*. Es que para poder expresarse de esa manera, su *yo* ha tenido que desplazarse imaginariamente en el tiempo, logrando de esa manera *presentificar el pasado*, pudiendo entonces re-vivirlo.

Este es un fenómeno que se monta con palabras y que puede ser desmontado de la misma manera, si no lo comprendemos. En un ejercicio entre compañeros en un curso, en busca de recuerdos infantiles agradables, la hipnotizada, dijo: *"Es la mañana de Reyes. Mis padres me regalaron una bicicleta. Estoy andando en ella y siento como el viento me da en la cara y me sacude el cabello..."* Y el compañero que la estaba hipnotizando le preguntó: *"¿Y a ti te gustaba andar en bicicleta?"* e interrumpió el proceso. Porque esa pregunta, formulada de esa manera, solo podía ser contestada por su parte adulta, la que estaba situada en el presente. La manera correcta en que debió formular la pregunta, era dirigiéndose *en presente*, a su parte niña: *"¿Y a ti, te gusta andar en bicicleta?"*

Cuando en la instrucción decimos que *"no está ocurriendo nada especialmente bueno o especialmente malo"* lo que buscamos es minimizar la resistencia del paciente.

RECUERDOS VINCULADOS

Lo siguiente que generalmente pedimos es:

Ahora le pido a tu mente no consciente que evoque cinco recuerdos o cinco sucesos que están íntimamente vinculados con "esto que te pasa". Cuento desde uno hasta cinco y aparece el primero de los cinco recuerdos elegidos. Uno, dos, tres, cuatro, cinco... ¿Dónde estás? ¿Cuántos años tienes?

La clave de este acercamiento es la palabra *"vinculados"*. Porque ¿Qué quiere decir *vinculados*? Es una palabra poco clara que significa *"relacionados"*. Pero *relacionados* ¿Cómo?

Precisamente, gran parte de la tarea terapéutica, es descubrir de qué manera esos recuerdos están vinculados con el problema que estamos enfrentando.

En cierto modo, nuestra tarea muchas veces, se asemeja a la de los detectives de novela que juntan colillas en la escena del crimen, para luego tratar de determinar su verdadero significado.

Una vez que completó en relato del primero, continuamos enunciando:

Voy a contar desde uno hasta cinco y va a aparecer el segundo de los cinco recuerdos elegidos. Uno, dos, tres, cuatro, cinco... ¿Dónde estás? ¿Cuántos años tienes?

No nos apresuremos en saltar al siguiente recuerdo sin asegurarnos que nos ha contado todo lo que había en el anterior. Por eso, muchas veces preguntamos *"¿Ya podemos pasar al siguiente o hay algo más en este recuerdo?"*

Esa manera de ir contando los recuerdos evocados como *"el tercero de los cinco recuerdos elegidos, etc."* es premeditada, ya que ayuda al inconsciente del paciente a ir estructurando su relato. Como el paciente no sabe como continuará el trabajo, de alguna manera se siente obligado a redondear lo que en ese momento de la terapia ha accedido a relatarnos.

A veces, especialmente cuando nos estamos enfrentando a síntomas misteriosos, recién cuando descubrimos el origen, podemos entender de qué manera estaban vinculados algunos de los primeros recuerdos aparecidos.

OBJETIVO TERAPEUTICO

Muchas veces no es fácil determinar el objetivo terapéutico. El paciente nos ha contado distintas circunstancias de su vida, pero no es claro un objetivo. En esos casos nosotros preguntamos: *"¿Y si yo tuviese la varita mágica y pudiera así, con un chasquido de dedos, modificar algo de tu vida, qué tendría que lograr?"*

La respuesta a esta pregunta nos dará la fantasía de curación. Inclusive, en muchas ocasiones, cuando el cambio es muy subjetivo, como cuando nos responden: *"Hacer que me sienta más seguro"*, debemos aclarar: *"¿Y cómo sabrías tú que te estás sintiendo más seguro?..."*

No olvidemos que en nuestro modelo terapéutico, lo que estamos buscando es encontrar las raíces del problema y no, meramente, *hablar* de él.

Una correcta tipificación del objetivo terapéutico permite alcanzar resultados más profundos y más rápidos.

Por ejemplo: Muchas veces vienen a la consulta mujeres que desean saber *"Porqué elijo mal mis parejas"*. Y nosotros le explicamos que *"No eligen mal sus parejas..." "Que eligen bien, malas parejas..."*

O sea, que hacen uso de su intuición para elegir algo malo. Que la pregunta, bien formulada, debería ser *"¿Porqué elijo para mí algo malo?"* y que la respuesta es generalmente: *"Porque no te consideras acreedora a algo bueno"*.

En esos casos, la respuesta está generalmente en la niñez, en padres o abuelos que la descalificaron o le dijeron que nadie las iba a querer nunca o que son tontas o malas o... o cualquier descalificación de las que vertimos a diario los adultos ignorando las cicatrices que dejan en el alma infantil.

A veces en experiencias sufridas durante su crecimiento que provocaron una auto-descalificación. Es frecuente que las niñas abusadas se sienten sucias y decidan que *no merecen* algo bueno.

En casos como los del ejemplo, al hacer la regresión debemos pedirle a la mente no consciente que elija recuerdos vinculados con *"El origen de esta baja autoestima, que hace que no te sientas acreedora o merecedora de una buena pareja"*

RECUERDOS PROHIBIDOS

La instrucción siguiente es, generalmente:

Le voy a pedir ahora a tu mente no consciente que elija dos RE-CUERDOS PROHIBIDOS, recuerdos de cosas de las que nunca pudiste hablar, o lo intentaste y no te escucharon.

Cosas que TE HICIERON...

O cosas de TÚ HICISTE...

O cosas que VISTE...

O cosas que OÍSTE...

de las que nunca pudiste hablar...

Cuento desde uno hasta cinco y aparece el primero de los dos recuerdos prohibidos: Uno, dos, tres, cuatro, cinco... ¿Dónde estás? ¿Cuántos años tienes?

En este momento del trabajo ya se han revivido emociones fuertes, ya han caído algunas censuras y al formular esta consigna, suelen aparecer aquí violaciones, abusos, juegos sexuales infantiles, robos, humillaciones, etc.

Es un punto muy importante de la terapia, porque el paciente se encuentra hablando de cosas que no pensó contar. O más aún, muchas veces, como en el caso María A., aparecen cosas que estaban completamente afuera de su memoria consciente.

EL INCONSCIENTE

Nosotros sostenemos que el inconsciente de nuestro paciente siempre sabe qué le pasa, donde se quedó "atorado", como dicen en México. Y hemos dicho que, si se lo preguntamos adecuadamente, nos lo responderá.

¿A qué nos referimos con esta temeraria afirmación? ¿El incons-ciente es realmente un charlatán que está dispuesto a contarle sus miserias a todo el mundo?

¡Al contrario! Deberemos ganarnos su confianza.

En todo hogar, los adultos manejamos información que no permitimos que los niños que conviven con nosotros, conozcan. Hay libros, fotos, historias, que les ocultamos por completo o de las que les brindamos una información deformada. Así, una tía que está internada porque se practicó un aborto, tendrá apendicitis o "dolor de panza" según la edad del informado. Y esa actitud la adoptamos con la intención de protegerlos, aún cuando finalmente el resultado obtenido pueda ser el inverso. Y de manera semejante se conduce el *inconsciente* en relación con el *consciente* de la gente. El inconsciente tiene información *que no deja que el consciente conozca*, con idéntico objetivo.

Nosotros imaginamos al inconsciente como a una persona mayor, vestida muy elegante, con galera y bastón. Y por eso nos dirigimos a él de manera muy formal y respetuosa. Decimos *por favor* y decimos *gracias*. Y respetamos su derecho a decir o no las cosas a la parte consciente.

Si usted tiene un vecino que adoptó un niño y se lo ha ocultado… Usted sabe que eso es perjudicial para el niño. Pero ¿Qué hace? ¿Va y se lo cuenta al pequeño o trata de convencer al padre de que lo mejor para su niño es enterarse de la verdad?

Así nos conducimos también: explicamos, convencemos, seducimos… Pero jamás forzamos. Figuradamente, si hemos entrado a un hotel para parejas con una señorita que lo ha hecho voluntariamente, que se ha quitado ella la ropa, pero que en el último momento dice: *¡No!* Entonces es *NO*. Claro que trataríamos de insistir, seducir, convencer… Pero nunca de forzar, porque eso sería violación.

Tampoco esperemos que el inconsciente del paciente, solo porque se lo preguntamos, comience a decirnos *todo*. No: lo esperable es que, si hemos logrado ganarnos su respeto, nos permita conocer *algo*. E inclusive ese algo no será explícito, será expresado "en chino", deberá ser develado. Nos está probando: quiere saber si somos confiables. Por eso la información suele aparecer por capas, como si estuviésemos cavando. Pensemos que esa *persona mayor* ha descubierto a un confidente y está resolviendo si puede o no, compartir con él los secretos más ocultos y comprometidos de su historia. Por esa razón, antes de que nos cuente lo más importante, seremos estudiados y medidos por la parte no conciente de nuestro paciente.

El caso María A. es, en ese sentido, ejemplificador. Además, se percibe allí que no se trata de un simple paso de blanco a negro, de inconsciencia a conciencia. A medida que el trabajo fue avanzando, se levantaron prohibiciones y represiones y fueron apareciendo trozos de verdad que estaban afuera de la conciencia.

COMO CONTINUAR

A diferencia de las regresiones a vidas pasadas donde contamos con un guión que incluye el desenlace, en las regresiones a la niñez, está todo por desarrollarse. No hay dos regresiones iguales.

Técnicamente lo que hacemos, mientras no hayamos conseguido encontrar nosotros el *nudo* del problema, es hacer nuevas series de *eventos* o *sucesos* vinculados. Tratamos ahora de evitar la palabra *recuerdos* porque es fácilmente asimilable a la información que está en la memoria consciente, y estamos buscando información que precisamente no está allí.

A veces usamos técnicas de profundización como:

El anciano entra contigo dentro de un ascensor y aprieta la tecla de Descender. El ascensor comienza a hundirse en las entrañas de la tierra... Y cuanto más profundo está en ascensor, más profunda se vuelve tu hipnosis... A través de la puerta ves como van pasando los niveles... Atraviesan el primer nivel... Atraviesan el segundo... Y el anciano te dice: Vamos a descender diez niveles... Tercer nivel... Vamos a descender 10 niveles y con cada nivel que bajemos tu hipnosis va a ser más profunda... Cuarto nivel... Cuando lleguemos al décimo nivel tu hipnosis va a ser mucho mas... profunda... Quinto nivel... El ascensor continúa bajando... y bajando... Sexto nivel... Todo se va volviendo más len... to... Séptimo nivel... Todo se vuel... ve más len... to... más os... cu... ro... Octavo nivel... Ya van llegando... Noveno nivel... Todo... es... len... to y... os... cu... ro... ¡Décimo nivel!

Y en ese sitio le volvemos a colocar puertas, o cofres, o cajas de seguridad.

A veces, a partir de la información recibida en la primera serie de recuerdos, cambiamos la formulación del objetivo, cuando decimos, por ejemplo: Otros *cuatro eventos vinculados a...*

Solemos también cambiar la cantidad pedida, para que no parezca que hemos fracasado y repetimos el trabajo: si al principio pedimos cinco recuerdos, en la siguiente serán cuatro eventos, etc.

Así como en las novelas policiales, donde no basta con descubrir quien es el criminal, sino que también es necesario demostrarlo frente a la justicia, también en las regresiones tendremos que convencer a un jurado. Pero será al único jurado que importa, al que fija las penas y decreta las absoluciones: a la conciencia de nuestro paciente.

Que ese es uno de los principales mecanismos de la **REPARACIÓN**.

CAPITULO II: REPARACION DE TRAUMAS DE LA INFANCIA

El concepto de reparación es novedoso e inherente a nuestro modelo terapéutico. Creamos una vía de acceso a la memoria emocional y conseguimos que el paciente re-viva sus dolores y los exprese, borrando esa piadosa y falsa imagen que nos brinda la memoria de que en la niñez todo fue hermoso y maravilloso.

Mágicamente hemos logrado que nuestro paciente de 40 años vuelva a tener 6 y esté llorando por alguna humillación. Cualquier gesto de protección, cualquier recurso que agreguemos en ese momento, quedará incorporado como recurso en el lugar correcto: junto al daño original, a veces eliminando sus consecuencias por completo.

Por eso decimos que la "Unidad mínima de terapia" en la HCR es una caricia en la cabeza del paciente. Esto que parece ser muy poco es muy importante porque no la está recibiendo el adulto de 40 sino ese niño sufriente que está dentro de él desde hace décadas, llorando en silencio y sin la esperanza de que nadie se acuerde de él...

Por supuesto que no hemos inventado la terapia de la caricia, pero consideramos que si el terapeuta consigue *ver* al niño que está dentro de su paciente y consigue entrar en comunicación con él, podrá utilizar todos los recursos naturales y aprendidos que tiene para proteger a un menor.

En verdad hay mucha experiencia en la HCR pero, aún así, está todo por desarrollarse. Enumeraremos aquí algunos de los recursos más usados en la clínica y en un futuro libro veremos extensamente como aplicamos prácticamente la HCR a los distintos casos clínicos y, en particular, al tratamiento de las fobias, las jaquecas, las crisis de angustia, de pánico y el resto de las enfermedades psicosomáticas, junto con el recurso del dibujo efectuado en hipnosis, tal como hacemos habitualmente en los cursos avanzados de dos días.

RESIGNIFICACION Y TERCERIZACION

En cine se denomina *cámara subjetiva* cuando la filmación reproduce lo que se supone que va viendo el protagonista. Así es como nuestra memoria registra lo que nos sucede: en esos archivos se ve a los demás pero no aparece nuestra propia imagen. Por eso el concepto de *yo* es engañoso: corresponde a una extensa colección de películas hechas, año tras año, de esa manera, y que luego de filmadas, fueron enlatadas y guardadas. Y a cada una de esas latas se les colgó en el frente una tarjeta con el resumen del contenido.

El problema es que, lo que le ocurrió a nuestro paciente cuando tenía 5 años lo filmó… un niño de 5 años, que fue también el autor del resumen. Supongamos que un día sus padres lo dejaron con su hermanito de 3 y le dijeron que lo cuidara. En un momento de distracción su hermano se accidentó y, a consecuencia de eso, le quedó una cicatriz o algo peor. El resumen que habrá dejado al frente de su película de los 5 años dirá seguramente: *"Niño MALO. Por SU CULPA se lastimó su hermano"* y esa filmación nunca fue revisada por nadie. Lo peor es que los niños, cuando se sienten culpables por algo *se inventan castigos para sí mismos*, a veces muy crueles. Seguramente como resultado de esta experiencia, fueron inscriptas en su inconsciente, como mínimo, algunas conclusiones definitivas: *"Yo soy malo"* y *"No merezco ser feliz"*.

Y ahora, la mente no consciente del paciente con dificultades para aceptar nada que lo haga feliz, le ha traído este viejo episodio en respuesta a nuestro pedido de recuerdos *vinculados*. La lata cerrada de la filmación se ha abierto por primera vez. Pero no es bastante esta sola vinculación para producir cambios, porque lo que apareció, es esa película subjetiva donde no se ve al protagonista. O sea que seguramente al revivirlo volverá a sentir la misma culpa que originalmente. Entonces es cuando debemos *tercerizar*: reconstruir la historia interpretada por otro. Le preguntamos a nuestro paciente si conoce hoy a algún niño de esa edad: lo ideal es alguno de sus propios hijos, si es que los tiene. Le preguntamos cómo se llama ese niño y, en hipnosis, le hacemos contemplar una historia semejante a la vivida por él, pero con el nuevo intérprete. Y entonces el milagro se produce porque al contemplarlo desde afuera se produce un estallido de comprensión: hemos roto el registro *subjetivo* que incluía el veredicto de *Culpable*. Por primera vez puede contemplar como es un niño de cinco años y la injusticia de responsabilizarlo por un suceso semejante, pudiendo en consecuencia *resignificar* la experiencia y declarar nulos los castigos autoimpuestos.

Algo similar ocurre con los juegos o abusos sexuales sufridos a mano de algún adulto, donde el paciente recuerda haber dado algún tipo de consentimiento. Será necesario revisarlos, pero interpretados por otro niño, para agregar la visión actual, la del adulto, que sabe que ese teórico consentimiento carecía de valor alguno.

REDECISION

Los niños toman decisiones desde que están en el vientre materno. Y esas decisiones quedan vigentes como programas en una computadora, en un ordenador. Su mayor fuerza radica en que se ignora su existencia.

Por ejemplo: Papá es un técnico que no tiene un título oficial y sufre mucho por el desprecio de los ingenieros de la fábrica. Y en la casa se queja contra "esos universitarios engreídos que no saben nada". Y el niño no sabe de qué se trata, pero sabe que hacen sufrir a su papá. Y resuelve *"Yo nunca voy a ser un universitario con título"*. Y lo olvida conscientemente, pero jamás puede concluir una carrera.

En el caso que contamos al principio del libro, un niño de 6 años se ensucia en el transporte escolar y dado que no le permiten faltar resuelve que nadie debe mirarlo, que no debe llamar la atención. Y desarrolla una personalidad gris que lo acompaña por la vida.

También, muchas veces, una señora está pensando en abortar y el niño que lleva en el vientre y que está en contacto interior con su madre, sintoniza esa intención y *promete* que nunca va a reclamar nada, que va a ser el más obediente y cumplidor de los hijos. Y sigue siéndolo aunque tenga 30 o 40 años.

Para el paciente, descubrir que tiene dentro suyo esa *programación elegida* y re-vivir el momento en que tomó la decisión, lo faculta para anularla, cambiarla, re-decidirla. A veces resulta tragicómico verificar que algo tan *inocente* como el percance de hacerse caca encima a los seis años haya podido torcer el destino de una persona tanto como milagroso el hecho de que haberlo descubierto, lo faculta para eliminar sus consecuencias y ser feliz.

ADOPCION

Hemos visto que las viejas emociones no habían desaparecido, sino que estaban depositadas en un rincón secreto de nuestro paciente, en su MEMORIA EMOCIONAL, a la que accedimos con la llave maestra de la regresión hipnótica.

Logramos que nuestro paciente no *recuerde* simplemente qué fue lo que le pasó, conseguimos traer a la superficie al niño que fue y que continúa vivo dentro de él dándole identidad y voz. Lo hemos protegido y acompañado. Por eso ha podido atravesar sus propios miedos y sumergirse en la reviviscencia de lo reprimido y olvidado. El niño de nuestro paciente *ha podido re-vivir* su historia.

Pero simultáneamente, la parte adulta de nuestro paciente ha podido *ver* esa historia tal como sucedió y *comprender* la génesis de muchos de sus problemas. Sobre todo, pudo contemplar con una nueva visión de persona grande y experimentada sucesos de los que tenía retazos de información deformada y mal interpretada.

¡Por fin alguien escuchó a ese niño que llevaba décadas llorando en silencio, sin esperanzas, dentro de ese adulto que ignoraba su existencia!

¿Y ahora? ¿Qué hacemos con esto?

Debemos conseguir que la parte adulta de nuestro paciente se haga cargo de la parte niña. Que le brinde la contención, la protección y el amor que le daría a otro niño real, con una historia semejante, si lo encontrara así, indefenso y precisado de ayuda.

Ayudamos entonces con ayuda de la hipnosis a practicar una disociación entre ambas partes. Muchas veces decimos:

> *Quiero que imagines que vas caminando por la calle, y que en el umbral de una casa ves a una niña llorando. Está llorando en silencio, como lloran los niños cuando no saben que un adulto los mira.*
>
> *Tú lo miras y te das cuenta que es Martita (suponiendo que nuestro paciente se llama Marta) ¿Cómo está vestida?*

Lo que buscamos con esta pregunta es lograr que construya en su imaginación una imagen visual.

¿Por qué llora Martita?

Aquí es importante el ligero balance que hace el paciente y que quizás debamos complementar. *"Porque no lo quieren"*, *"Porque nadie lo escucha"*, *"Porque mi padre piensa que soy estúpida"*, son un modelo de las respuestas que se reciben, a veces expresadas en tercera persona, a veces en primera.

> *Ella te mira con desconfianza, pero la intuición le dice que puede confiar en ti…*
>
> *¿No tienes deseos de alzarla y protegerla? ¿De colocarla contra tu pecho y abrazarla?*

Como la paciente nos dice que SI, le colocamos contra su pecho un almohadón o una muñeca, que no ha estado nunca dentro de su campo visual. Generalmente este es un instante tan emotivo como pocos podrán imaginarse. Y, esto es importante, nosotros abrazamos en ese momento a la paciente que está abrazando a su niño interior, representado por la muñeca o el almohadón.

Lo que estamos haciendo es abrir una nueva vía de comunicación. La paciente está en hipnosis, le acabamos de hacer vivir de nuevo los dolores de niña y los ha expresado como si tuviera esa edad, o sea que hemos logrado darle voz a esa parte infantil que aún vive dentro de ella, llorando en silencio. Y ahora le estamos brindando corporeidad, le creamos la idea de que, de verdad, su parte adulta puede darle protección a su parte niña. Y con este recurso le creamos un doble registro: Al mismo tiempo que está sintiendo que abraza, su cuerpo está registrando que es abrazado. La muñeca que usamos tiene, premeditadamente, cabello. Si la paciente acaricia ese pelo, nuestra mano entonces acaricia el de nuestra paciente consolidando así la idea de que es posible recibir la misma protección que se da.

Generalmente, un adulto que de niño no se sintió querido o aceptado, comenzará a buscar de grande esa protección en los otros, tornándose así débil y vulnerable. Por ejemplo, cuando esté en un negocio y el empleado atienda en forma preferente a otro cliente, pensará: *"El vendedor **tampoco** me quiere"*. Establecerá relaciones de pareja donde esperará infructuosamente que la otra parte satisfaga esa necesidad infantil insatisfecha, se volverá manipulable e irá de fracaso en fracaso, sin entender la razón.

Debemos lograr que la parte adulta se haga cargo de la parte niña. Que le de protección afectiva. Porque si lo logramos, en esa área, la paciente se vuelve invulnerable. *"No me hace falta que protejas a mi niña, yo me encargo de ella: ha dejado de ser una huerfanita. Tú trátame como a una mujer y respétame como corresponde"*

Hemos usado de ejemplo a una paciente femenina. Pero hacemos casi lo mismo cuando se trata de hombres. Solo que allí hemos usado durante mucho tiempo solamente almohadones, porque en nuestra sociedad a los varones les está prohibido jugar con muñecos. Aunque desde hace dos años en que encontramos unas muñecas bastante grandes que tienen un relleno pesado, probablemente arena, con un peso total de casi dos kilos, también las usamos con ellos. De todas maneras, la muñeca no está nunca a la vista del paciente, ni antes ni después de la hipnosis, lo que le ayuda a creer que en realidad el abrazo se lo ha dado a su niño interior. Aunque, si al concluir, nos pregunta por la muñeca, no tenemos inconvenientes y le presentamos a quien con justicia llamamos nuestra *coterapeuta*.

Cuando los sufrimientos que marcaron a nuestro paciente, como en caso Alfredo, no sucedieron en la niñez sino en la pubertad o adolescencia, usamos el almohadón, se trate de hombre o de mujer, porque es más fácil imaginar de esa manera un abrazo a una persona joven que con una muñeca.

¡Ah!... ¡Qué bien se siente estar protegido!... Lo que tú ignorabas, es que Martita no había muerto, que estaba viva dentro tuyo...

¿No te la quieres quedar contigo? Prométele que la vas a cuidar y proteger y que no permitirás que nunca más, nadie vuelva a...

Vamos a hacer un pacto: Tú te vas a comprar una muñeca grande, blanda, abrazable y vas a colocarle adentro a Martita. Y cada vez que sientas deseos de abrazarla a Martita, vas a abrazar a la muñeca. Tú y yo sabemos que en realidad Martita está dentro tuyo, pero vas a utilizar a esa muñeca como un lugar de encuentro. Y como esta niña está muy atrasada de cariño y protección, durante los próximos 30 o 60 días la vas a llevar a la cama contigo y te vas a dormir abrazándola... ¿Te parece bien?

Pero muchas veces nos damos cuenta que el o la paciente no se llevarán una muñeca a la cama por pudor o para no tener que dar explicaciones a terceros y entonces, la instrucción la damos como cuando hemos usado un almohadón para el abrazo:

Vamos a hacer un pacto: Cuando llegues a tu casa, vas a elegir una almohada o un almohadón en particular y vas a depositar allí adentro a Martita. . Y cada vez que sientas deseos de abrazarla a Martita, vas a abrazar ese almohadón. Tú y yo sabemos que en realidad Martita no está dentro en el almohadón sino dentro tuyo, pero vas a utilizar a esa almohada o a ese almohadón como un lugar de encuentro. Y como esta niña está muy atrasada de cariño y protección, durante los próximos 30 o 60 días te la vas a llevar a la cama contigo la almohada y te vas a dormir abrazándola... ¿Te parece bien?

Cuando han existido serios problemas con los padres, convertimos a este abrazo en una adopción formal. Le decimos, por ejemplo:

¿No quieres adoptar tú a Martita y que, a partir de ahora, la única mamá de Martita sea Marta, esta señora de 38 años?

Pregúntale a Martita si también ella quiere que tú la adoptes...

(Y si tiene dos hijos que se llaman Juan y María) Entonces, a partir de ahora no tienes solamente dos hijos, tienes tres. ¿Si descubrieras que María se siente menos que los demás, sabrías explicarle que no es así, que ella se merece lo mejor? Entonces vas a tener que explicárselo a esta niña que tienes contra el pecho... Porque Martita se sintió no querida o apreciada por sus padres y llegó a la conclusión de que la culpa era de ella... Que nadie la querría nunca porque ella no valía... Que no merecía un compañero bueno, una familia buena, un trabajo bueno... La mamá de Juan y María va a tener que abrazar mucho a esta niña y vas a tener que repetirle muchas veces que ella es buena y que merece lo mejor, que siempre lo mereció...

INTUICION

Queremos concluir esta breve reseña haciendo énfasis en que quienes apliquen la Hipnosis Clínica Reparadora deberán escuchar todo el tiempo a su intuición, esa inteligencia no intelectiva que es la que mejor nos permite interactuar con los niños.

Nuestro verdadero éxito terapéutico lo lograremos cuando consigamos que el niño lastimado hable, llore, se exprese; cuando logremos que el adulto encuentre los orígenes ocultos de sus dolencias y que, por primera vez, revea la filmación original con la información que tiene como adulto y, finalmente, cuando pueda poner al servicio del niño desvalido los recursos que ha adquirido a lo largo de su vida.

Es verdad: no hay una fórmula como en el caso de las regresiones a vidas pasadas, no hay un guión a seguir. Pero no tema: si consigue conectarse con el niño de su paciente, su intuición le dictará la intervención justa que él está necesitando para curarse.

QUINTA PARTE: COMENTARIOS
A LOS CASOS REALES

CAPITULO I: EL CASO MARÍA A.

María A. es una alumna que concurrió a uno de nuestros cursos intensivos de HIPNOSIS CLINICA REPARADORA (HCR), donde en tres jornadas enseñamos hipnosis, regresiones a vidas pasadas, regresiones a la niñez y reparación de traumas de la infancia y que son continuados por un curso avanzado de otros dos días, donde se estudia las aplicaciones prácticas de la HCR y, en particular, la manera de curar las fobias, jaquecas, pánico y otras enfermedades psicosomáticas, además de dibujo en hipnosis.

Cuando en la primera jornada sorteamos para ver a quien se le practicaba la primera hipnosis a manera de demostración, María A. nos planteó que ella tenía fobia a volar en aviones y quedó comprometido, desde ese momento, que en el cuarto día, cuando viéramos fobias, sería ella el sujeto de la regresión.

Antes de ese momento, pudimos enterarnos que también tenía fobia a los gatos y a dormir sola. Nos contó que en una oportunidad en que en un lugar de su casa apareció un gatito recién nacido, tuvo que pedirle auxilio al hijo de una vecina, por el terror que le produjo ese animal.

Hemos elegido transcribir este caso, aunque se ajusta muy bien al tema que presentaremos en nuestro próximo libro, porque se trata de una hermosa regresión a la niñez, donde se podrán apreciar no solo las técnicas aplicadas, sino también los potentes resultados obtenidos de inmediato.

Con el correr de los días, al acercarse el momento de la terapia, los nervios de María fueron en aumento. Y parte de la resistencia que su propio temor disparaba hizo que cuando la llevamos al Templo, no pudiera verlo. Fue entonces una excelente oportunidad para demostrar que no debemos aferrarnos a un solo escenario mágico.

A continuación transcribimos íntegramente los textos que están en la grabación para facilitar su análisis, intercalados con comentarios. Quizás le llame la atención que yo repito casi todos los parlamentos de la paciente: Es algo que hago en los cursos para asegurarme que los compañeros escuchen lo que me han contestado.

Si usted aún no tuvo oportunidad de ver la filmación, le sugerimos que lo haga antes de avanzar con este texto.

LOS ANTECEDENTES

María A. tiene 44 años. Le pregunto:
> *Cuando eras niña ¿Cómo te decían? ¿Marita?*
> *Niña..., "La Niña"... O "Morena". Cualquiera de las dos.*
> *¿Y te gustaba?*
> *¡Morena no me gustaba! (Con mucho énfasis)... Pero Niña sí.*

Generalmente cuando el paciente está disociado lo llamamos por el diminutivo de su nombre (Martita a Marta, por ejemplo) pero cuando un nombre no tiene uno fácil, le consultamos cual era su sobrenombre infantil, aunque jamás lo utilizamos sin verificar antes si al paciente le agradaba o no.

Su papá murió hace nueve años y era mayor que su madre. Ésta vive y tiene 83 años.

Son siete hermanos, incluida ella: BETY (58), JOSÉ (57), AGUS-TIN (56), SANTIAGO (Falleció a los 9 años en un accidente, pero tendría 55), ALBERTO (53), ARTURO (52) y MARIA, nuestra paciente, (44).

Su esposo se llama ERNESTO (43). Llevan juntos 20 años, aunque estuvieron separados un tiempo, se divorciaron y volvieron a reunirse luego, hace un año.

Tiene dos hijos: ERNESTO (18) y DANIEL (14).

Describe así su problemática: "En la noche me da nervios para dormirme, me da miedo. No siempre pasó como me da ahora, ese miedo a cerrar los ojos. Siempre desde chiquita he tenido muchas pesadillas. Siempre he tenido que dormir acompañada porque me daba miedo dormir sola. Me acompañaba mi madre y ya de grande, cuando me separé, me acompañaron mis hijos. Además le tengo fobia a los gatos y a volar en avión".

LA SESIÓN

Quiero que imagines, que quieres entrar en el pasado y para eso debes visitar a un mago. ¿A quién eliges: a un indio en su choza, a un enanito verde en el bosque o a un anciano en una cueva?

A un indio.

¿A un indio? Bien, quiero entonces que imagines, que vas caminando por un bosque, vas buscando una choza en particular, una choza que se halla escondida, una choza que se le muestra sólo a aquellas personas que están preparadas para eso... Es la choza de ese indio, de ese viejo chamán y cuando descubras esa choza entre la fronda, me vas a avisar moviendo este dedo...

(mueve el dedo)

Bien... El viejo chamán te sonríe. Te da su bienvenida y entras con él dentro de la choza. El viejo chamán te muestra un espejo y te dice: "Este espejo, es un espejo mágico... Tú lo ves y parece un espejo común: sólo es muy grande y tiene un marco muy llamativo. ¿De qué color es ese marco?

Amarillo.

¿Amarillo? Bien. Y el anciano te dice: "Este espejo es mágico. Si yo se lo pido, este espejo te va a permitir viajar en el tiempo, pero sólo lo vas a lograr si tú de veras lo quieres..." Y entonces el anciano te dice: "Arrímate, tócalo". Tú te arrimas al espejo y el espejo te refleja tal como eres, intentas tocarlo y tu mano lo atraviesa. Es como si te la hubieran cortado, desaparece, sencillamente desaparece. La retiras asustada y vuelves a ver tu mano entera. Vuelves a intentarlo... Y cuando una parte de de tu cuerpo, atraviesa la superficie del espejo, desaparece de tu vista. Pruebas con el pié y pasa lo mismo pero ahora, tocas del otro lado y te das cuenta que la superficie del otro lado es distinta que la de este lado. Y el anciano chamán te dice:"Si tú estás dispuesta, vas a atravesar ese espejo y vas a entrar en el pasado, pero esto no es para jugar. Tienes que estar dispuesta a enfrentar tus propios miedos y tus propias pesadillas. Vas a entrar en el pasado para encontrar el origen y la solución a tus miedos, a tus temores, a tus fobias y a tus pesadillas". ¿Te animas a atravesar el espejo?

Sí.

¿Si? Bien Entonces, te colocas frente al espejo y cuando yo diga tres, lo atraviesas. Pero para hacerlo más fácil, no vuelves al origen de tus problemas. Lo atraviesas y vuelves a un día, a un día de tu infancia, hermoso, maravilloso y tranquilo. Uno, dos, tres... ¿Cuántos años tienes Niña y dónde estás?

Este es el RECUERDO CERO y lo complementamos con algunas preguntas relativas al mismo, para enriquecerlo y facilitarle la inserción en el momento elegido.

En mi casa.

¿En tu casa?

Tengo un año.

¿Un año? ¡Qué grandes que son todas las cosas! ¿Verdad?

Sí

María completa un recuerdo familiar con su mamá, su papá y un hermano.

> *Yo le voy a pedir, a tu mente no consciente, ahora que ya estás allí, que me traiga cinco sucesos, cinco eventos que están vinculados con el origen de tus miedos. Quiero recuperar, esa parte de la historia que está borrada de tu cabeza. Yo voy a contar desde uno hasta cinco y aparece el primero de estos cinco sucesos vinculados con tus miedos, con tus pesadillas, con tus terrores, con esos que ni siquiera te animas a nombrear y a poner en palabras. Si en algún momento la situación llega a ser muy dura, tú vas a poder disociarte, separarte y continuar filmándolo desde el techo como si fueras una cámara. ¿De acuerdo?*

Sí

> *Cuento desde uno hasta cinco y vamos al primero de los cinco recuerdos. Uno, dos, tres, cuatro, cinco... ¿Dónde estás Niña? ¿Cuántos años tienes?*

Desde el primer momento le entregamos a la paciente la posibilidad de controlar la angustia y el dolor que pueda presentar un recuerdo disociándose, reconstruyéndolo de la misma manera que lo hace la memoria usual, brindando la información desprovista de emoción. En este recuerdo María vuelve a un momento en que tiene meses y un hermano celoso la pellizca.

> ...

> *Entonces voy a contar desde uno hasta cinco y vamos al segundo de los cinco recuerdos elegidos... Uno, dos, tres, cuatros, cinco... ¿Dónde estás Niña? ¿Cuánto años tienes?*

En este recuerdo María queda con un hermano que por celos la golpea y luego se pone a llorar arrepentido del incidente,

,,,

Entonces voy a contar desde uno hasta cinco y vamos al tercero de los cinco recuerdos elegidos... Uno, dos, tres, cuatros, cinco... ¿Dónde estás Niña? ¿Cuánto años tienes?

En este recuerdo María evoca un castigo paterno a sus hermanos Alberto y Arturito, que estaban jugando paleta dentro de la casa. Ellos huyen llevándose a la hermanita. Como su padre lo castiga muy duramente a los varones se plantean escaparse y no volver lo que angustia a María. Los recuerdos han ido avanzando en intensidad. El inconsciente de la paciente ha estado explorando la confiabilidad del terapeuta.

Entonces cuento desde uno hasta cinco y vamos al cuarto de los cinco recuerdos elegidos. Uno, dos, tres, cuatro, cinco. ¿Dónde estás Niña? ¿Cuántos años tienes?

Seis.

¿Seis?

Si.

¿Dónde estás y que está ocurriendo?

Estoy en la casa.

Estas en la casa.

Estamos todos.

Sí, están todos.

Me pusieron a moler café.

¿Te pusieron a ti a moler café?

Sí.

Bien ¿Te gusta moler café?

Juego a que muelo café.

Juegas a que mueles café. Hace falta tener bastante fuerza para molerlo ¿No?

Sí... Julián se fue detrás de mí.

¿Quién?

Julián.

¿Y quién es Julián?

El esposo de mi hermana.

¿El esposo de Bety?

Sí.

Si tú tienes 6, Bety tiene 20 y Julián debe tener más o menos eso. Se fue atrás de ti. ¿Adonde a la cocina adonde fuiste a moler café?

En el patio.

¿En el patio? ¿Y qué hace Julián cuando está contigo en el patio?

Me truena el corazón y me da miedo.

¿Te truena el corazón y te da miedo?

Sí.

¿No es la primera vez que pasa algo con Julián, verdad?

No sé.

¿Qué te hace Julián?

Me dice cosas feas.

¿Te dice cosas feas o cosas lindas?

Cosas feas.

Como por ejemplo... ¿Qué te dice? ¿Qué cosas feas te dice?

Que me quiere tocar.

O sea no feas, sino inadecuadas, cosas que no corresponden ¿Te dice que te quiere tocar?

Son feas.

¿Y tú que le dices?

No puedo hablar.

Tú no te puedes ni defender. ¿Y qué hace? ¿Te toca?

No.

Dime, dímelo mi amor... ¿Qué pasa? ¿Qué hace el Julián?

Me toca.

Te toca... ¿Cómo te toca?

Es sucio.

¿Es sucio? ¿Te toca por abajo de las bragas? ¿Por abajo de los calzones?

No.

¿Qué te toca? ¿Te toca las pompis[13]? ¿Qué te toca? Yo ya sé que es sucio y es malo, pero quiero que me cuentes que te hace.

Me toca.

Siempre que haya un recuerdo penoso que sea difícil de atravesar, podemos utilizar el recurso de disociar al paciente y que continúe filmando la escena. En ese caso, se le pide a la paciente que la mire desde afuera, y que dé una descripción de sí misma pero mencionándola como una tercera persona, para facilitar la disociación mediante la construcción de esa imagen visual.

Vamos a hacer lo siguiente. Yo voy a contar desde uno hasta cinco y tú te vas a disociar y vas a ser una cámara filmadora, que filme desde lo alto: uno, dos, tres, cuatro, cinco... Ahora estás flotando. Mira allí abajo. Hay una niña de seis años. ¿Verdad?

Si.

¿Cómo está vestida?

Tengo un vestido azul.

¿Cómo está peinada? ¿Tiene trenzas?

No.

¿Cómo está peinada?

Tiene pelo largo.

Tiene pelo largo. ¿Y lo tiene suelto?

Si.

Y junto a la niña, hay un adulto: tiene veinte años, veintidós. ¿Cuántos tiene? Es el marido de la hermana. ¿Verdad?

Si

¿Están solos en el patio?

---

13   Las pompis: Las nalgas

Si.

*¿A la niña la mandaron a moler café? Y él dice que la va a ayu-
dar ¿verdad?*

Si.

**Bien. Ahora míralos desde el techo y dime ¿Qué le está haciendo
ese adulto a esa niña? No eres tú, es otra niña. ¿Qué le está
haciendo ese asqueroso a esa niña?**

La toca...

La toca.

Si.

¿Y ella se queda como paralizada?

Si.

**Los niños siempre se quedan paralizados en una situación así.
¿Qué le toca? ¿Los pechos, las pompas? ¿Qué le toca?**

Sí, todo...

**Todo. ¿Y qué le dice? Le dice cosas que él cree que son lin-
das ¿Verdad?**

Si.

¿No es la primera vez que esto sucede no? ¿es verdad?

No sé.

**No sabes... Pero mucho más no va a pasar porque están en el
patio y porque la niña tiene que volver con el café ¿Verdad?**

Si. Se asusta.

La niña queda con mucho miedo.

Si.

Y no se lo puede decir a nadie ¿No es cierto?

No.

**No. Bien... Vamos a contar desde uno hasta cinco y vamos a ir al
quinto de los recuerdos elegidos. Uno, dos, tres, cuatro, cinco.
¿Dónde estás ahora Niña? ¿Cuántos años tienes?**

En mi cuarto

¿Y cuántos años tienes?

Como doce.

Doce. ¿Ya eres señorita?

No.

¿Te han crecido las tetitas?

Un poquito.

Un poquito. ¿Es de noche o es de día?

Es de día.

Es de día. ¿Y que estás haciendo en el cuarto mi amor?

No fui a la escuela porque estoy enferma.

No fuiste a la escuela porque estas enferma. ¿Qué tienes calentura[14]?

No.

¿Qué tienes?

Sarampión.

Sarampión.

Tengo calentura...

Tienes calentura porque tienes sarampión mi amor y tienes que estar en la cama. ¿Verdad?

Si y tengo frío.

¿Y tienes frío?

¡Mucho frío!...

Mucho frío. ¿Y quién entra?

Mi mamá, me dio la medicina.

Te dio la medicina.

Mi sobrina.

¿Tu sobrina, la hija de Bety?

Una de sus hijas. Sí. Me mando fruta mi mami.

¿Te mandó fruta tu mami?

Sí. No puedo comer, me duele.

No puedes comer, te duele...

Entró Julián.

¿Entra Julián?

---

14   Calentura: Fiebre

Sí.

¿Qué pasa ahora? ¿Y tu sobrina se va?

No sé, no veo a nadie.

O sea está Julián sólo contigo.

Si.

¿Y qué sucede ahora?

¡Quiero que venga mi mamá!

¿Quieres que venga tu mamá? Pero no está tu mamá.

No sé...

¿Tu mamá cree que estás segura?

Si.

Cree que el Julián, que es el padre de sus nietas, es una persona de confianza. ¿Eso cree tu mamá verdad?

Si.

Pero tú sabes como es de verdad ¿No?

Si.

Y ¿Entonces?

Es sucio, ¡Que sucio!

Vamos a volver a filmarlo. Voy a contar hasta cinco y te vas a separar y vas a convertirte en una cámara. Uno, dos, tres, cuatro, cinco... Mira allí abajo. Hay una niña que está enferma y está en su cama ¿verdad? ¿Puedes verla?

Si.

¿Está en ropa interior? Tiene frío. ¿Cómo está vestida?

Tiene una pijama y una bata.

Y se le acerca... Se le acerca ese adulto, que ya hace rato que le tiene ganas a esa niña. ¿Verdad?

Si.

Y ahora esa niña está más señorita.

Sí.

¿Y qué hace ahora ese tipo? Está en el cuarto y la niña está acostada.

Si.

Tú lo estás filmando desde el techo. Míralo... ¿Qué hace el tipo?

Se bajó el cierre del pantalón.

Se bajó el cierre del pantalón y ¿Saca el pene afuera?

Sí.

¿Y qué...? ¿Hace que la niña lo toque?

Le agarra la mano para que lo toque. ¡Qué asco! ¡Qué asco! ¡Qué sucio! (llora)

Sigue mirando y sigue filmando, tú no eres esa niña, tú estas en el techo filmándolo. ¿Qué hace ahora? ¿Se contenta con la mano de la niña?

Sí. Ella está llorando. No puede gritar, nadie viene.

¿Y ahora qué hace?

Salió.

Se fue.

Se fue.

¿La obligó a la niña a masturbarlo hasta terminar?

No.

¿No?

No. Alguien venía.

Alguien venía y por eso se fue...

Sí.

Ahora entonces, tal como dijimos le pediremos dos RECUERDOS PROHIBIDOS.

Descansa profundamente, profunda, profundamente... Yo le voy a pedir a tu mente no conciente, que además de estos recuerdos que aparecieron, donde esa niña no pudo hablar, quiero buscar dos recuerdos prohibidos... Dos recuerdos graves e importantes, de cosas de las que no has podido hablar, cosas que te hicieron... o cosas que tú hiciste... o cosas que viste... o cosas que oíste, de las que nunca pudiste hablar o lo intentaste y no te escucharon. Cuento desde uno hasta cinco y aparece el primero de los dos recuerdos prohibidos. Uno, dos, tres, cuatro, cinco… ¿Dónde estás y cuántos años tienes?

No sé, no sé que edad tengo.

¿No sabes qué edad tienes?

No.

¿Eres chiquita?

Si chica… Mediana.

¿Y qué es lo que sucede?

Es de día.

¿Es de día?

Está mi hermana y su esposo y están haciendo ruidos extraños.

¿Están haciendo ruidos extraños?

Si.

¿Están en la habitación?

En el baño. Ellos están en el baño. Yo quería hacer pipí… ¡Quiero hacer pipí y no puedo entrar!

¿Y entonces? ¿Qué están haciendo?

Estoy oyendo… No sé… ¡Ay! me asusto.

¿Te asustas porque sientes como si tu hermana se quejara, verdad? ¿Tu hermana se queja?

Si.

¿Y tú te crees que está sufriendo? ¿Tú te crees que él la está haciendo sufrir?

El es malo, muy malo. Pobrecita. ¡Ay!.

¿Qué pasa?

Me duele la cabeza. Tengo miedo.

¿Tienes miedo?

Si.

¿Tienes miedo que te haga daño a ti y que le haga daño a tu hermana? ¿verdad?

Si.

¿Y cómo sigue eso? ¿Tú tocas la puerta y le dices que quieres entrar?

No, ya me voy, ya me voy.

¿Te vas?

Me voy, me voy a aguantar... Quiero llorar.

¿Quieres llorar?

Y quiero estar sola.

Y quieres estar sola. Y te vas a tu habitación ¿verdad?

No, a la banqueta[15].

A la banqueta.

Si, Porque pasa gente...

¿Porque pasa gente y estás más segura?

Si.

Cuento desde uno hasta cinco y vamos al segundo de los recuerdos prohibidos: Uno, dos, tres, cuatro, cinco. ¿Dónde estás ahora?

Es una habitación.

¿Una habitación de tu casa?

No.

¿De donde?

Es en un hotel.

En un hotel. ¿Qué edad tienes 16, 15?

Como 19.

¿Y con quién estás?

Con muchas amigas.

¿Con muchas amigas? ¿Y qué están haciendo tu y tus amigas en esa habitación de un hotel?

Estamos riéndonos y tomando.

Riendo y tomando.

Si. Una saca una película, que se llevó de sus hermanos, es pornográfica y la van a poner.

¿Y tú viste antes una película pornográfica?

No, son sucias. La pusieron.

---

15   La banqueta: La acera, la vereda.

La pusieron... ¿Tú ya has tenido relaciones sexuales?

No Se están riendo de mí.

¿Quién se está riendo de ti? ¿Tus amigas?

Si.

¿Por qué a ti te da pena[16] mirar lo que está apareciendo en la televisión?

Si, porque me da asco.

¿Por qué te da asco?

Si (llora).

Déjalas que se rían, déjalas que se rían, ¿qué te importa?

No le puedo decir a mi mamá.

Acá concluyeron las pautas que dijimos que se aplican casi a todos los casos.

Ahora entonces vamos por más recuerdos, pero esta vez el objetivo está más ajustado: es al terror de quedarse sola. Y sugerimos que algunos de los eventos a evocar están fuera de la conciencia. Préstese atención a que la calidad de los recuerdos difiere. Que ahora comienza a aparecer información que la paciente ignora.

No por supuesto, pero no importa. Descansa profundamente, profunda, profunda, profundamente... Hay una persona que tiene miedo de dormirse sola, que tiene miedo a dormirse, que necesita tomar remedios para dormirse, en verdad le tiene miedo a lo que ocurre cuando entra en una cama y apaga la luz. Ese miedo no nació sólo, ese miedo tiene un origen, tiene un nacimiento. Yo le voy a pedir a tu inconsciente que me traiga tres recuerdos...Yo sé que están borrados, yo sé que no están acá, a tu alcance. Se que va a tener que abrir algunos baúles muy cerrados, pero hoy es el día y este es el momento. Yo le pido a tu mente no consciente que te permita recobrar ese recuerdo o esos recuerdos olvidados que hicieron que tú no

---

16   Pena: Vergüenza

quieras estar sola de noche... Es algo que seguramente pasó, alguna vez estuviste sola de noche... Vamos a buscar tres recuerdos vinculados específicamente con el miedo a quedarte sola de noche... Cuento desde uno hasta cinco y aparece el primero de estos tres recuerdos. Uno, dos, tres, cuatro, cinco. ¿Cuántos años tienes?

Soy bebé.

¿Eres bebé?

Chiquita.

Chiquita. ¿Y qué sucede?

Llegó mi hermana a la casa.

Llegó tu hermana a la casa.

Está embarazada.

¿Está embarazada?

Si.

¿Y junto con tu hermana vino Julián?

Si. No sé, tengo miedo, no sé por qué. Me enfermé.

¿Te enfermaste?

Si, me duele el estómago.

Te duele el estómago.

Y tengo calentura.

Y tienes calentura...

Y mi mamá me dijo que me fuera a acostar.

Mamá te dijo que te fueras a acostar.

¡Ay! ¡Sí!...

¿Si?...

Estoy en mi recámara.

¿Estás en tu recámara?

Hay viene él...

Hay viene Julián, ¿verdad?

Si.

¿Qué edad tienes, como cuatro años?

Como cinco.

Y ahora entró Julián a tu habitación ¿Y que te hace Julián?

Me tapó la boca.

¿Te tapó la boca? ¿Y ahora que está tu boca tapada, qué te hace? Te falta el aire ¿Y qué te hace? ¿Quieres filmarlo?

Sí.

Uno, dos, tres, cuatro, cinco. Mira allí abajo... Está esa niña enferma y está ese tipo... ¿Qué está haciendo el tipo, le está poniendo una mano arriba de la boca? ¿verdad?

Si.

Es para conseguir que no grite.

Ah.

Y es para asustarla...

Si.

Porque ella siente que le falta el aire. ¿Y qué más hace? ¿La toca, se masturba, que hace?

Quiere...

¿Quiere violarla?

Si.

¿Quiere violarla con el pene?

Ah.

O sea, saca su pene afuera...

Si.

¿Y dónde quiere introducirlo?

En la vagina.

¿En la vagina?

Si.

¿Y lo logra?

¡Ay! ¡Duele!

¿Mucho?

¡Mucho!

¿Empuja?

No, no puede...

¿Entonces desiste?

Sí...

¿Y con qué se conforma?

Alguien viene... No sé...

La lógica nos permite muchas veces presumir sucesos que pueden haber ocurrido. Buscarlos facilita la reconstrucción por parte del paciente. Cuando nuestra pregunta no se corresponde con la realidad, el paciente simplemente dice que no.

Pero él le dice algo a la niña, le dice algo, la amenaza de alguna manera... Porque él le tiene la mano encima a la niña, y cuando retira la mano... ¿Qué le dice antes? "Tú no cuentes porque si no..." ¿Qué?... "¿Te mato?", "¿Mato a tu hermana?" ¿Qué le dice?

Te mato.

¡Te mato!

¡Que miedo! ¡Que miedo!

¡Qué miedo! ¿Verdad?

Sí... ¡Qué miedo!...

Esa niña no puede contar, pero a partir de ese momento ¿Cuál va a ser el único sistema que va a tener esa niña para estar a salvo? El único sistema de esa niña va a ser no estar nunca sola ¿Verdad? Mientras ella no se vaya a acostar a solas, no corre riesgos ¿No es verdad?

Sí.

La paciente no sabía porqué no podía dormir sola. La identificación de la decisión infantil que le dio origen, le crea la posibilidad de re-decidirla, de eliminarla.

Ahora ya sabes lo que resolvió esa niña. ¿No?

Sí...

Continuamos ahora el trabajo, buscando los eventos vinculados con la otra fobia.

Todavía le voy a pedir a tu mente no consciente que me busque tres recuerdos específicos vinculados con tu fobia a los gatos. Tres recuerdos específicos, que están en el origen de tu fobia a los gatos. Cuento desde uno hasta cinco y aparece el primero de esos tres recuerdos elegidos. Uno, dos, tres, cuatro, cinco. ¿Dónde estás Niña? ¿Cuántos años tienes?...

Cinco.

¿Cinco?

Si. Cinco o seis. ¡Ay!

¿Qué sucede? ¿Dónde estás?

En mi cuarto.

¿Y qué sucede?

Ya sé... Ya sé...

¿Qué pasa?

Hay un póster de unos gatos.

¡Hay un póster de unos gatos...! Cuándo él te amenaza hay un póster de unos gatos ¿verdad?

Sí... Sí...Si veo los gatos viene... Si veo los gatos, viene...

¿Si ves los gatos, viene Julián?

Sí...

Este comentario es espectacular. A Sigmund Freud le hubiera gustado escucharlo. El fue quien primero teorizó sobre el desplazamiento y la simbolización como fuente de las fobias. Y el psicoanálisis es un largo recorrido que tiene como uno de sus principales objetivos que el paciente haga las asociaciones correctas y descubra esto que María acaba de descubrir por su propia cuenta al cabo de una hora.

Entonces, tú no puedes mirar gatos, porque si miras gatos viene Julián. ¿Verdad?

Si...

Descansa profundamente, profundamente. Quiero que ahora entre la mamá de Ernesto y de Daniel... Quiero que entre la mamá de Ernesto y de Daniel... Quiero que la mamá de

Ernesto y de Daniel, esta señora de 44 años, entre en esa habitación y descubra a esa niña aterrada, muerta de miedo... Esa niña no puede hablar de lo que le pasa. Tiene miedo a morir. Si mira a los gatos, cree que viene Julián y entonces ni siquiera puede mirar a los gatos. Mírala, no puede ni siquiera pedir auxilio. Le pregunto a la mamá de Ernesto y de Daniel ¿No quieres auxiliarla tú y protegerla tú?

Si.

Ponla entonces contra tu pecho. (Le coloco una muñeca contra el pecho para que la abrace) Si hubieras descubierto que Ernesto o que Daniel estaban tan intimidados como está esta niña, hubieras sabido dale protección ¿Verdad?

¡Sí! ¡Sí!...

La muñeca o el almohadón que usamos es un elemento catártico que permite facilitar la disociación del paciente. El objetivo es poner al servicio del niño todos los recursos que ha desarrollado la parte adulta. Por eso hacemos tanto hincapié en la referencia a los hijos de la paciente.

Esta niña decidió que nadie podía ayudarla en el mundo. Su única respuesta, su única respuesta fue: mientras ella durmiera acompañada, mientras no durmiera sola, ese degenerado no la iba a poder alcanzar. ¿En el día de hoy Julián sigue casado con Bety?

No.

¿Se separaron?

Si.

¡Qué bien que se siente estar protegido! ¿verdad?

Sí...

¡Y qué bien que se siente haber podido hablar de esto!

Si.

Porque esta niña creció entre sus miedos y sus terrores... No es fácil tener a alguien que te esté tapando la nariz, queriéndote violar y que te amenace de muerte... Si eso le hubiera pasado a Daniel ¿Sabrías darle protección?

Si.

Si Daniel tuviera cinco o seis años y alguien se lo hubiera hecho a él, tú le hubieras dicho: "Si es necesario voy a matar yo a alguien, pero no voy a permitir que nadie te haga daño" ¿Verdad?

Si.

Ahora se lo tienes que decir a esta nena que tienes contra tu pecho. Porque esta niña creció llena de miedos... Ella acaba de descubrir que el miedo a los gatos era el miedo a Julián... Y ni siquiera era el miedo a Julián, era la simbolización de todos los miedos. Era la simbolización de estar indefensa sin que nadie te proteja. Yo le pregunto a María ¿Quieres darle protección a la niña de acá en más?

Si.

Le pregunto a la niña que está contra tu pecho: ¿Te sientes bien, segura y protegida, verdad?

Totalmente.

La paciente, ahora que ha visto y re-vivido la historia original, puede cambiar la decisión.

Tu sabes que ya no es necesario que alguien duerma junto a ti porque además en este momento sabes que si algo pasara, de cualquier índole, tu podrías pedir auxilio ¿No es cierto?

¡Sí!... ¡Sí!... ¡Sí!

Entonces también sabes que ya no hay por que tenerle miedo a los gatitos ¿Verdad?

Si.

Que los gatitos nunca fueron una amenaza...

Si.

Cuando queremos superar una fobia o queremos programar a un paciente para enfrentar en el futuro una situación que lo amedrentaba, creamos en su mente un "falso recuerdo". Le pedimos que por dos veces, su mente no consciente le proyecte en su frente una película donde acontece lo que antes se temía, donde se lo supera con facilidad. De esta manera, cuando luego el paciente deba atravesar una situación semejante, en algún lugar interior suyo tendrá este recuerdo como recurso.

Entonces le voy a pedir a tu inconsciente, que te proyecte acá, en la frente, una película donde tú te arrimas a una gata... Es una hermosa gata... Y tú te arrimas y la acaricias y la gata se hace un ovillito y te dice "rrrrr" como dicen las gatas... Y tú descubres que es blanda como un pompón de algodón... Y descubres por primera vez en tu vida, que puedes arrimarte a una gata sin sentir nada de angustia... Yo cuento desde uno hasta cinco y esta imagen se proyecta en tu mente y tú me dices cuando la película haya terminado. Uno, dos, tres, cuatro, cinco...

(Silencio, seguido de un suspiro...)

¿Costó?

Ya está.

Costó un poco pero ya esta... ¿Verdad?

Si.

Mírale la cara a la gata: No es Julián ¿Verdad? Nunca fue Julián...

No.

Además, si la niña tenía un póster con gatos, era porque le gustaban los gatos. ¿No es cierto?

Si.

Le voy a pedir a tu inconsciente que te proyecte acá, una película, pero que esa película tenga sonidos. Quiero que escuches el maullido del gato, quiero que lo rasques entre las piernas, en el pechito y que sientas ese ronroneo que hacen los gatos, que hacen "rrrrr", que parece un motorcito que vibra, cuando tú le haces así y quiero que te des cuenta, que es una invitación a la caricia... Cuento desde uno hasta cinco y tú me avisas cuando la película termina. Uno, dos, tres, cuatro, cinco.

Está, ya...

Nuevamente estamos creando registros mnémicos, en la memoria, donde los miedos son superados.

¿Ya está? Y ahora entonces, quiero pedirle a tu inconsciente que te proyecte una imagen en tu cabeza. Estás sola en tu casa... y te vas a ir a dormir y no tienes el menor temor y hace calor y te quitas toda la ropa y duermes así, segura, sin ropa, tranquila sin sentir el menor temor, porque ya no eres una niñita asustada. Eres una mujer, eres la mamá de Ernesto y de Daniel y la mamá de Ernesto y de Daniel le puede dar protección a la niña. Cuento desde uno hasta cinco y puedes verte yendo a dormir sola, tranquila y desnuda sin sentirte inquieta. Uno, dos, tres, cuatro, cinco.

Ya... Sí...

¿Fue lindo verdad?

Si...

Fue lindo sentirse segura. Es que nunca estás sola. Estás acompañada de ti misma, y si alguien quisiera hacerte un daño tienes uñas largas para defenderte ¿verdad? Si alguien le quisiera hacer un daño a Ernesto o a Daniel ¿Te asustarías o reaccionarías?

Lo mato.

¿Lo matas? Bien ¿y si alguien le quiere hacer daño a la niña?

Lo mato.

Bien, perfecto. Le hago una pregunta a tu mente no consciente ahora que desaparecieron todos esos miedos del centro del pecho, le pregunto a tu mente no consciente si está preparada para viajar en avión...

Si.

Otra vez estamos instalando un "falso recuerdo". Pero como esta vez la experiencia que deberá atravesar será extensa, quien fabrique la película seremos nosotros. Como verán está cargada de múltiples detalles. La intención es que la paciente la archive como si se tratase de una experiencia REAL y no una construcción.

Bien. Entonces descansas profundamente, profundamente y ahora cuando yo cuente cinco comienza una película que yo te voy a ir describiendo y que tú vas a ir viviendo... Uno, dos, tres, cuatro, cinco... Estas en el aeropuerto... Acabas de chequear tu pasaje y ahora vas a pasar tu bolso y tu abrigo por las máquinas de rayos X... Antes, cuando sucedía esto, tú ya querías que la tierra te tragara, pero ahora todo es nuevo y es distinto... Y entonces te diriges a la sala de embarque, buscas en el tablero, el horario de salida... y ahora te sientas a esperar que te llamen... sólo que antes estabas como la gente cuando va al dentista y debe ser llamado... y ahora estas casi impaciente porque es el primer viaje en avión que vas a gozar íntegramente... Ahora han comenzado a hacer el embarque... llaman a los pasajeros de tu vuelo, miras tu boleto y te fijas la fila de tu boleto... llaman a un embarque pero todavía no es tu turno... Tú estás de veras impaciente por subir... Ahora tú subes, buscas tu asiento, y te ubicas... Estás al lado de la ventanilla, pero no hay nadie sentado al lado tuyo, quiere decir que te sientes bien, segura... Te colocas el cinturón de seguridad... escuchas que por los altoparlantes piden que hay que apagar los celulares, entonces apagas tu celular y piensas: "Qué lindo que por unas horas, nadie me va a alcanzar", te sientes extrañamente libre cuando apagas tu celular... Ahora, cierran las puertas del avión y tú sientes un poquito de fresco porque están cambiando el aire y están levantando la presión... quizás se te tapen los oídos... La azafata comienza a explicar qué es lo que deben hacer en caso de una urgencia y a ti te dan ganas de reírte porque antes cuando sucedía esto, tú solamente podías imaginar desgracias y ahora te causa gracia estar tan bien y tan tranquila... El avión comienza lentamente a moverse, pero todavía no despega. Está buscando la cabecera de la pista. Escuchas la voz del capitán que le dice a la tripulación: "Ocupar sus lugares" y entonces, el avión comienza a funcionar, rápido los motores elevan su ruido y tú sientes como tu espalda se pega ligeramente contra el asiento. Están carreteando para despegar y de pronto milagrosamente deja de sentirse el ruido del piso y tu sabes que una vez mas se ha producido el milagro, el milagro de volar... ¡Es maravilloso! Es una sensación de libertad, aunque no eres tú la que vuelas, es el avión el que vuela... Miras por la ventanilla y te das cuenta que estás en el aire. Eres como un pájaro, eres libre aunque estés sujeta con un cinturón y no seas tu la que vuelas sino el avión y sientes una extraña sensación de libertad... El avión sigue buscando la altura, y por momentos quizás se te tapan los oídos pero tú sabes que tragando saliva se destapan... Ahora se estabiliza y por los altavoces dicen que van a servir un refresco. Se arrima la azafata y te pregunta que quieres tomar... ¿Qué quieres tomar? ¿Una gaseosa, una bebida alcohólica? ¿Qué quieres? ¿Una cerveza? ¿Qué quieres?

Agua.

Un agua. Te han dicho que van a servir algo, pero lo único que te dan es una bolsita con cacahuates... Y a ti te da gracia de que llaman a eso un refresco... Ahora todo se ha vuelto un poco aburrido... Y ahora comienzas a sentir que nuevamente se te tapan los oídos, y antes que digan nada, tú te das cuenta que el avión ha comenzado a perder altura y la voz del capitán dice que estamos llegando a destino. En cinco minutos más vamos a estar en tal ciudad, el que les agradece haber viajado con la compañía... Sientes un ruido debajo de tu asiento, y te das cuenta que acaban de sacar afuera las ruedas, las ruedas del tren de aterrizaje... Y ahora ya puedes ver por la ventanilla, como se van acercando y se puede ver por la ventanilla que es como si estuvieras sentado en un tren que va a mucha velocidad porque ya están paralelos al piso... y de pronto sientes que las ruedas tocan el piso... Y la voz del capitán dice que por favor no se levanten hasta que no se haya apagado la señal luminosa de cinturones abrochados... Y ahora si el avión se detiene, tú te pones de pie y te dan ganas de reír y de llorar al mismo tiempo de alegría. Porque te das cuenta que es la primera vez que has podido gozar intensamente de este viaje en avión... Te arrimas a la escalinata, le dices gracias a la azafata y esta hermosa película terminó... ¿Pudiste gozarla verdad?

Si.

Bien. Ahora entonces, hay una mano que se arrima a ti, que jala suavemente de ti y vuelves a estar en la choza junto con el viejo chamán que te dice:" ¡Qué hermoso haberse quitado todas estas cosas de adentro! ¿Verdad?"

Si.

Antes de concluir la hipnosis, hacemos un balance provisorio de los cambios que esperamos obtener con la terapia. Si fuera en el templo, quien lo haría sería el anciano. Comienza generalmente con la afirmación: "Nada va a volver a ser igual..."

Nada va a volver a ser igual, no va a haber pesadillas, no van a ser necesarios medicamentos para dormir, no vas a necesitar dormir acompañada, para que alguien te proteja y quien podía aparecer y agredirte... Ahora eres fuerte y grande. Ahora la niña tiene a María, tiene la misma protección que tienen Daniel y Ernesto y así cómo María podría matar a quien atacara a Daniel o a Ernesto, así también podría matar a quien quisiera atacar a la niña. ¿Verdad?

Si.

Y ahora entonces, puedes viajar en avión... y ahora entonces puedes gozar de la fantástica compañía de un gato. Todo eso quedó en el pasado. ¿Verdad? Nada va a volver a ser igual.

Si...

A esta choza mágica puedes regresar cuando tú lo desees, porque esta choza y este espejo están dentro tuyo... Ahora voy a contar desde uno hasta tres y tu espíritu va a volver a entrar dentro de tu cuerpo, dentro de ese cuerpo que quedó duro y pesado en el sillón... Uno, dos, tres... Tu cuerpo nuevamente está duro y pesado. Pero yo cuento desde veinte hasta once y pierdes todo el peso y toda la dureza excesivos. Veinte, diecinueve, dieciocho, diecisiete, dieciséis, quince, catorce, trece, doce, once... Tu cuerpo nuevamente está relajado pero esta liviano, muy liviano. Voy a contar ahora desde diez hasta uno. Cuando despiertes te vas a sentir bien. Vas a descubrir que es como si te hubieran quitado una enorme roca del centro del pecho, que si respiras hondo entra mucho más aire que antes... Diez, nueve...

En el proceso de despertar introducimos la sugestión de que entra más aire dentro del pecho, lo cual es indicativo de la disminución de la angustia.

(Inhala una profunda bocanada de aire)

¡Eso!... Entra más aire ¿Verdad?

Sí...

Ocho, siete, seis, cinco... Va a ser tan linda la vida sin miedos... Cuatro, tres, te recuerdo que cuando despiertes vas a estar en el curso con todos tus compañeros mirándote y con ganas de abrazarte, dos, uno... Toma tu tiempo...

No puedo abrir los ojos.

Entonces... Yo no te había dado la orden de ojos pegados, no importa: voy a contar desde cinco hasta uno y cuando cuente uno te vas a volver a despertar y vas a poder abrir tus hermosos ojos porque tus párpados no van a estar pesados ni pegados. Van a estar ligeros como alas de mariposa. Cinco, cuatro, tres, dos, uno...

EPILOGO

Al día siguiente, todavía en el curso, María testimonió frente a sus compañeros:

Hoy fue mi primera noche después de la terapia... Nos dormimos un poquito tarde, porque tuve una plática ahí con mis compañeros, fue relajada... Pero llegué a mi cuarto, sola, en el hotel, perfectamente bien... Nunca sentí ninguna mortificación ni nada... Me quité la ropa, me acosté... Yo no apagué el aire porque tenía calor, pero entonces, pues me tapé con la sábana, pero sí dormí totalmente desnuda, cosa que, en mi vida, lo había hecho jamás, jamás, jamás... Aún que estuviera haciendo mucho calor, muy incómoda a la noche: ¡Jamás sin ropa!... Y lo más importante para mí fue que pude dormir con las luces apagadas... Porque no había dormido yo nunca, ni sola ni con todas las luces apagadas... Inclusive la televisión. Porque a veces prendo la televisión y apago el resto para...

Para que quede la luz...

Sí, que quede una lucecita... O prendo la luz del baño, que salga el reflejo de la luz y así ya no me siento tan incómoda... Normalmente... Pues en un tiempo usé medicamento para dormir... Pero, por ejemplo, desde que iniciamos el curso, yo decía que me dolía la cabeza pero, realmente, era como miedo, como... O tal vez me dolía de tanta tensión por no querer dormir sola, pues... Entonces me tomaba uno o dos Advil, que es para relajar músculos, y ¡Ya!, me quedaba dormida... Anoche no tomé ni Advil ni nada... ¡Absolutamente nada!

¡BIEEEEN!... O sea: Dormiste... ¡Desnuda!... ¡Sola!... ¡Con las
luces apagadas!... ¡Sin medicamento!... ¡Y tranquila!...
Y *desperté perfectamente bien... Dormí profundo...*

O sea que María tenía una cuarta fobia, vinculada a las demás, que ni siquiera había comentado y que también resultó curada: la fobia a dormir a oscuras. En conversaciones posteriores confesó que precisamente esa fobia había sido la causa de muchas rencillas matrimoniales.

Es que, si lo revisamos, veremos que al menos tres de esas fobias (a dormir sola, a dormir a oscuras y a los gatos) eran en realidad tres manifestaciones del mismo origen y que la cuarta, la fobia a volar que quedó también curada en esta terapia, seguramente estaba vinculada al mismo origen por alguno de los extraños e intrincados caminos de la simbolización y el desplazamiento en el inconsciente.

María volvió a su ciudad en avión al día siguiente del curso y su vuelo fue fuertemente sacudido por los primeros vientos del huracán tropical Alex. Seis días después de la terapia, nos envió un mail que decía:

"Mi regreso fue algo magnifico, increíble: le pedí al señor del carro del hotel que me llevara a dar un recorrido por algunos lugares de Monterrey pero se inició una balacera en la Macroplaza así que se suspendió, eso fue solo de entrada para comenzar el nervio, yo la verdad estuve muy bien no sentí ningún tipo de alteración ni nada, llegue al aeropuerto me puse a leer y esperar la salida. Llego el momento, muuuuy controlada y sin taquicardia ni ninguna alteración. Despegamos y yo leyendo, muy bien. En eso comenzó la turbulencia pero mucha ¡mucha! Lo bueno es que me toco un compañero muy tranquilo todo paciencia que me relajaba, si pasé unos ratos muy nerviosa, pero creo que todos los pasajeros lo sintieron creo que cualquier ser humano en una situación de ese tipo hubiera reaccionado así; así que funcionó de mil maravillas, llegue controlada,

dormí y sigo durmiendo con luces apagadas, sin miedo y lo mas importante ¡sin medicamento!"

TESTIMONIO INCLUIDO EN LA FILMACIÓN

Buen día. ¿Cómo estás?

Muy bien, gracias.

Pasaron ya 8 meses desde que hicimos la terapia en el curso. Entonces quería que nos dieras tu testimonio de qué pasó en tu vida.

Bueno... Han sido muchos cambios. Muy beneficiosos y poco a poco fui viendo mejorías en diferentes áreas de mi vida. Es muy importante recalcar que fue solo una terapia. No tengo más ni he tenido otras terapias con nadie más. Pude tocar un gato, estar cerca de él y no sentir absolutamente nada. Viajar en avión y disfrutar del viaje en avión...

¡Eso es lo más importante! Porque "viajar en avión" hasta con un poco de sedante se logra. Disfrutar del viaje...

Disfrutarlo. Y no he tomado nada... Y bajarme y subir tranquilamente sin nervio y sin preocupación... Sin sentir que me quiero regresar ni nada... Al contrario: Disfrutar del viaje. Que esas eran las cosas más limitantes de mi vida...

Y pudiste dormir sola ¿Verdad?

Duermo sola muy cómodamente. De hecho ahorita, en este curso tenemos diez días ya, diez días sola, diez días con luces apagadas y todo perfectamente bien. Sola y sin la necesidad de... Porque en algunas ocasiones puedes estar sola con luces prendidas, televisión prendida o algo así...

Porque hay algo que no había quedado aclarado en el transcurso de la terapia, que tú lo comentaste al día siguiente: Y es que, además de no poder dormir sola, tú nunca habías podido dormir con luces apagadas. Siempre habías necesitado que haya una luz aunque fuera la de la televisión o la puerta del baño abierta. Porque

eso quedó comentado al día siguiente... O sea que se curó hasta sin saber que se estaba dando terapia...

Así es. Y, de hecho, es también importante ver que existían muchos limitantes, sobre todo. Después de esa terapia entendí que los limitantes los tenemos dentro de nuestra mente y nos limitan en todos los aspectos. No solamente en el aspecto personal, de vida familiar, sino en nuestro desarrollo profesional... Simplemente en pensar en unas vacaciones, tienes que pensar cuando tienes miedo de estar solo, ese nerviosismo tan grande de subirte al avión, tienes que pensar en hacer un viaje corto. O lo que más puedas hacer en carro... No puedes hacer un viaje, entonces quedan...

Se cortan las opciones...

Quedan cortadas las opciones, exactamente. No puedes ir a ningún lugar donde tengas que agarrar avión... Limitas tu vida.

Además, hay algo que a la gente no le resulta claro y es que uno enfoca un problema: El problema es una fobia, dos fobias o tres fobias... Pero hay otro montón de cosas que están vinculadas indirectamente. Porque, de pronto, mejora tu relación con tu marido o mejora tu relación con tus hijos o mejora tu diálogo con tus clientes... ¿No es cierto?

Creo que lo más importante: Mejora la relación contigo misma.

Es que a partir de eso cambia todo lo demás...

Y puedes cambiar muchos conceptos... Antes de ese curso lo había leído... Pero una cosa es leerlo y otra cosa es experimentarlo y vivirlo. Y creo que eso es lo que me ocurrió.

¡Muchas gracias!

CAPITULO II: EL CASO ALFREDO

Recapitulemos el caso: se trata de un joven uruguayo de 18 años que se paralizaba hasta el pánico frente a los exámenes y de nula vida social.

El dato más significativo que aparece en la entrevista es que al concluir la escuela primaria y entrar en la secundaria, contrarrestó sus temores esmerándose en el estudio. Que eso lo convirtió en presa de un grupo de compañeros de estudio, quienes le propinaron una golpiza a la salida.

Puesto en regresión, vuelve a una vida anterior, donde es un joven judío de nombre SHUIFER que cae preso en un campo de concentración alemán y muere finalmente en una cámara de gas.

En su reconstrucción menciona un dato interesante porque poca gente lo conoce y no es esperable en un joven católico que no ha tenido lecturas sobre el tema: es el olor de los cadáveres que por años se quedó pegado a las narices de los pocos sobrevivientes que atestiguaron haber tenido que mover y apilar cadáveres.

Luego de atravesar la muerte de Shuifer, el ser de luz le dice que esta regresión le va a servir a ALFREDO para no volver a quedar paralizado por los miedos. Y el mensaje de SHUIFER para él es *"Por más grandes que sean los problemas, siempre vas a poder salir"*

Pero, aunque creemos que en este caso nos enfrentamos a un caso indudable de reencarnación, donde el pasado ha condicionado su vida actual, no podemos dar por terminado allí nuestro trabajo sin *reparar* los daños y consecuencias que se dispararon luego de la paliza recibida.

Por eso, cuando lo hacemos entrar por la puerta blanca, lo llevamos directamente al momento siguiente al de esa emboscada y logramos identificar el momento en que tomó la resolución: *"Nunca más voy a salir bien"* como la única forma de protegerse que encontró.

Hacemos este análisis del caso recién ahora, al final del libro, precisamente porque se utilizaron los recursos correspondientes a las regresiones a la niñez. En este caso se hizo que el joven de 18 años abrazara a un almohadón y prometiera cuidarlo como si se tratara de un hermano menor.

Y la proyección al futuro tocó los cuatro temas principales que lo aquejaban, yendo de lo más sencillo a lo más complejo: Primero se le hizo vivir el examen de conducir, luego una prueba escrita de matemáticas, después un encuentro con una joven y, finalmente, un enfrentamiento a golpes con dos personas. De todos salió victorioso.

Y el premio final fue su mail relatándonos que ya había superado sus inhibiciones.

CONSIDERACIONES FINALES

Cuando hacemos una regresión, logramos que el paciente tome contacto con una parte de la realidad que desconocía y sabemos que los cambios que se producirán serán definitivos, porque la inocencia, la ignorancia y la ingenuidad no son reversibles. Cuando al leer una novela policial nos enteramos quién es el asesino, nos resulta imposible volver a leerla *ignorándolo*.

De todas maneras, como el inconsciente tiene muchos recursos para cambiar y reinterpretar todo, cuando estamos por concluir el trabajo, efectuamos, con el paciente aún en hipnosis, un balance provisorio de los cambios que *esperamos* obtener, como una manera de facilitarlos. Por eso es que, generalmente decimos: *"Nada va a volver a ser igual en tu vida. Por que ahora tú sabes que…"*

De manera semejante, ahora que el libro termina, queremos hacer para el lector un balance similar, con la esperanza de que, también para él, *nada vuelva a ser igual*. Para lograrlo remarcaremos los conceptos que consideramos sustanciales.

- De las emociones que hemos vivido a lo largo de la vida, ninguna se ha perdido en la nada. Están guardadas dentro nuestro, en una especie de cofre secreto que hemos llamado MEMORIA EMOCIONAL.

- Con las técnicas de la Regresión Hipnótica es posible acceder a ellas y re-vivirlas con toda la carga emocional. Esto es, de por sí, liberador. Pero además nos faculta para introducir recursos afectivos y de protección que no existieron originalmente, pero que son archivados en ese registro emotivo como si hubieran estado allí desde siempre. Eso, que nosotros hemos denominado REPARACION DE TRAUMAS DE LA INFANCIA, permite eliminar o amenguar las consecuencias de esos episodios de bloqueo emocional que están en el origen de la mayoría de los síntomas o problemas.

- La palabra *yo* encubre una sumatoria de sub-personajes autónomos y generalmente contradictorios. Alguno o algunos de esos personajes corresponden al *yo-niño* que se quedó bloqueado en algún sufrimiento o en alguna carencia y que continúa llorando en silencio, esperando ilusionado la aparición de un adulto salvador.

- Ese niño desvalorizado se convierte así en presa fácil de manipulaciones. Envía al conciente en forma constante mensajes de desvalorización (*"Nadie me va a querer"* por ejemplo), al tiempo que se ilusiona con que la salvación vendrá desde afuera. Y cada fracaso aumenta la convicción errónea, convirtiéndose en ese tipo de predicciones que se cumplen por sí mismas.

- Simultáneamente, también dentro del *yo* se forma un adulto que desarrolla recursos de protección para sus hijos o para los niños en general, sobre todo en el área donde sufrió mayores carencias cuando era pequeño.

- Y así como la operación de by-pass cardíaco consiste en llevar sangre desde un lugar del corazón donde existe irrigación a un sitio donde falta, en la *adopción* que hacemos en la HCR practicamos un verdadero *by-pass emocional*: llevamos recursos desde donde están hasta donde hacen falta. El objetivo es que la parte adulta del paciente se haga cargo de la necesidad afectiva de la parte niña lastimada, exactamente como si se tratara de un hijo más para proteger.

- Y en ese instante, cuando lo logramos, el paciente deja de ser vulnerable. Por ejemplo: Si una mujer de pequeña no recibió suficientes afectos por parte de su papá o se sintió rechazada por él, es probable que vaya por la vida esperando infructuosamente que esa orfandad de su parte niña sea cubierta por sus parejas. Pero a partir del momento en que su niña interior se sienta suficientemente querida y protegida, dejará de intentar agradar a cualquier precio, aún a costa de ser maltratada y comenzará a vincularse con los hombres desde un lugar de paridad.

- Los niños toman decisiones inconscientes que quedan archivadas fuera del conocimiento pero rigiendo la conducta, como los programas de una computadora, de un ordenador. Cuando logramos encontrar esas resoluciones e identificar cuándo, cómo y porqué nacieron, desaparece toda su fuerza.

- El inconsciente del paciente sabe qué le pasa y por qué. Y si seguimos algunas pautas es muy probable que nos lo diga.

- No creemos que sea conveniente intentar doblegar al inconsciente del paciente, sino seducirlo, convencerlo, trabajar en conjunto con él.

- La HCR rompe el paradigma que supone que la solución de los problemas solamente se puede alcanzar al final de un recorrido muy extenso. Pero tampoco nos sentirnos obligados a brindar curas instantáneas. Contemplando nuestra tarea como si se tratara de *cirugía* más que de *clínica*, diferenciamos un período de investigación y reparación, que necesariamente deberá estar al inicio y ser breve, de un período de acompañamiento para la consolidación de los cambios que será tan extenso como las circunstancias lo exijan, aunque nunca más que algunas semanas o meses.

Ojalá hayamos podido trasmitirle al lector estos conceptos que son, para nosotros, importantes. La HIPNOSIS CLINICA REPARADORA (HCR)® es un modelo terapéutico desarrollado a partir de ellos, pero no es el único posible, así como el Psicoanálisis no es el único tratamiento desarrollado a partir de las tópicas de Freud.

Deseamos entonces que el lector, sin necesidad de abandonar sus encuadres teóricos, pruebe al menos algunas de las ideas expuestas en este libro, y que las enriquezca con sus propias experiencias clínicas.